Von pupsenden Heringen und Elefanten, die sich vor Chilis fürchten

Benjamin Haller

Von pupsenden HERINGEN und ELEFANTEN, die sich vor Chilis fürchten

Wissenswertes & Kurioses aus der Welt der Tiere

Jan Thorbecke Verlag

VERLAGSGRUPPE PATMOS

PATMOS
ESCHBACH
GRÜNEWALD
THORBECKE
SCHWABEN
VER SACRUM

Die Verlagsgruppe
mit Sinn für das Leben

MIX
Papier | Fördert gute Waldnutzung
FSC® C084698
FSC www.fsc.org

Klimaneutral
Druckprodukt
ClimatePartner.com/14549-2003-1001

Die Verlagsgruppe Patmos ist sich ihrer Verantwortung gegenüber unserer Umwelt bewusst. Wir folgen dem Prinzip der Nachhaltigkeit und streben den Einklang von wirtschaftlicher Entwicklung, sozialer Sicherheit und Erhaltung unserer natürlichen Lebensgrundlagen an. Näheres zur Nachhaltigkeitsstrategie der Verlagsgruppe Patmos auf unserer Website www.verlagsgruppe-patmos.de/nachhaltig-gut-leben

Verlagsgruppe Patmos in der Schwabenverlag AG, Ostfildern
www.thorbecke.de

Gestaltung: Finken & Bumiller, Stuttgart
Umschlagabbildungen: nasidastudio/shutterstock.com (Elefant); Finken & Bumiller, Stuttgart (Hering); mauritius images/Memento/Florilegius (Pinguin)
Druck: PNB Print Ltd, Silakrogs
Hergestellt in Lettland
ISBN 978-3-7995-1597-9

Inhalt

Eine Reise in die FASZINIERENDE WELT DER TIERE

Wenn einer eine Reise tut, so kann er was erzählen ... Auch mit einem guten Buch in der Hand kann man reisen, ohne die eigenen vier Wände zu verlassen. Lesen kann an ferne Orte, in vergangene Zeiten und sogar in andere Welten „entführen". Faszination und Vielseitigkeit sind es, was die Tierwelt und die Welt der Bücher für mich verbindet. Deshalb sollen diese Seiten der Anfang zu einer besonderen Reise sein. Eine Reise auf den Spuren verschiedenster Tiere, die mit ihrem Anblick verzücken und mit ihren Eigenschaften auf die ein oder andere Weise beeindrucken, überraschen und vielleicht sogar Erstaunen hervorrufen. Ob zu Lande, zu Wasser oder in der Luft: Viele Fähigkeiten von Tieren sind verblüffend, andere eher erschreckend, niedlich oder sogar neiderweckend. Wer würde nicht gerne einmal steile Wände hinauf oder übers Wasser gehen können? Manche Dinge weiß man nicht, andere hat man sich nie gefragt, und von einigen Überzeugungen sollte man abrücken, wenn man neue Erkenntnisse gewinnt. Damit dies gelingen kann, fehlt nur das Begleiten der verschiedensten Tiere auf einer kurzen Reise zu Wasser, zu Lande und in der Luft. Auf eine solche entführte schon der „Lügenbaron von Münchhausen" seine Zuhörer. Seine Geschichten waren unglaublich, aber nicht wahr. Was die bunten Vögel, riesigen Ozeanbewohner, gefährlichen Raubtiere und niedlichen Haustiere so alles tun und können, ist hingegen kaum zu glauben, aber wahr, wie die weitere Lektüre dieses Buches zeigen wird.

Ich wünsche Ihnen viel Vergnügen auf dieser literarischen Reise

Benjamin Haller

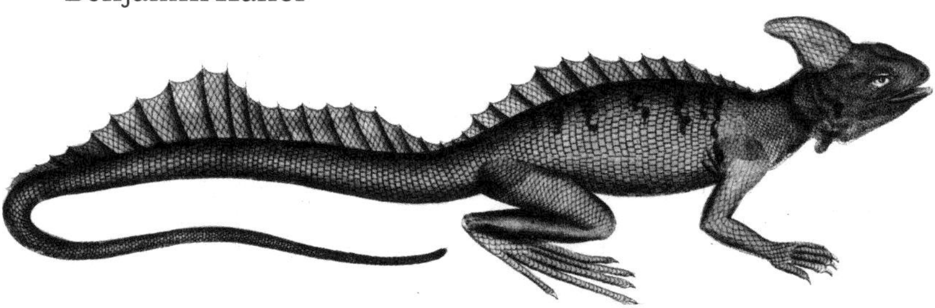

BUNT GEFIEDERT:
Vögel aus aller Welt

Welche **PINGUINE** machen weite Sprünge an Land?

In eisiger Kälte reglos dastehende „Frackträger“ oder im Eismeer tauchende, dahinschnellende Vögel auf der Jagd nach Fischen – solche Bilder haben neben mir wohl die meisten vor Augen, wenn sie an Pinguine denken. Aber Pinguine, die an Land umherspringen? Die Felsenpinguine machen dies tatsächlich.

Der Unterschied zwischen ihnen und den meisten anderen Pinguinarten wird gleich optisch deutlich. Felsenpinguine haben nämlich auffällige gelbe Prachtfedern am Kopf. Ihr Körper ist weitgehend schwarz gefärbt, an der Unterseite der Flossen und am Bauch sind sie weiß. An felsigen Steilküsten subantarktischer Inseln wie den Falklandinseln sowie vereinzelt an der Pazifikseite Südamerikas sind die Felsenpinguine zu Hause. Der australische Vertreter ist der zahlenmäßig seltenste Felsenpinguin. Er bewohnt die Inseln südlich von Australien und Neuseeland. Mit etwa zehn Grad Celsius im Sommer und etwa halb so hohen Wintertemperaturen sind diese Regionen für unseren Maßstab zwar nicht als warm zu bezeichnen, doch verglichen mit seinen an Temperaturen deutlich unter dem Gefrierpunkt angepassten Artgenossen der Antarktis ist der Felsenpinguin ein wahrer „Sonnenvogel“. Doch selbst bei leichten Plusgraden stelle ich es mir nicht besonders angenehm vor, wenn man

reglos dasteht. Doch zu ihrem Glück haben Felsenpinguine einen Kälteschutz. Eine erhebliche Fettschicht, gefolgt von einer Schicht Daunenfedern auf ihrer Haut, hält sie warm. Darüber haben sie schließlich eine Schicht wasserdichter Federn. Mit dieser Ausstaffierung haben Pinguine die meisten Federn aller Vögel.

Entsprechend ihrem Lebensraum haben sich die Felsenpinguine auch andere Verhaltensmuster als die übrigen Pinguinarten zugelegt. Nein, sie können nicht etwa fliegen, auch wenn sie mit einer Größe von etwa sechzig Zentimetern und rund drei Kilogramm Gewicht sehr kleine und leichte Pinguine sind. Dafür sind sie sehr gute Taucher: Sie können bisweilen für Strecken von über einhundert Metern unter Wasser die Luft anhalten. Die Tiere bleiben oft tagelang auf offener See, um Fisch und andere kleine Meeresbewohner zu jagen. Dabei sind sie mit einem Tempo von etwa sieben Stundenkilometern unterwegs.

An Land jedoch bewegen sich die Vögel springend fort, da sie so am besten „klettern" können: Sie legen nämlich zur Brutzeit auf steilen, treppenartigen Pfaden weite Wege vom Meer zu ihren hochgelegenen Nistplätzen zurück. Zuerst bewältigen die Männchen die Strecke, ehe die Weibchen etwa zehn Tage später folgen, um sich zu den schon von der Herrenwelt vorbereiteten Nestern zu begeben. Ein Weibchen legt meist zwei Eier, die abwechselnd bebrütet werden. Zwischendurch gilt es dann für die werdenden Eltern, wieder den Weg zurück zum Meer zu hüpfen und zur Futtersuche abzutauchen. Dabei verlieren die Tiere in der Brutzeit etwa die Hälfte ihres Gewichts. Kein Wunder, springen sie doch auf ihrem Weg bergab rund zwei Meter und bergauf etwa einen halben Meter weit aus dem Stand. Darum werden sie im Englischen „Rockhoppers", also Felsenspringer, genannt. Diesen ganzen Aufwand betreiben die Felsenpinguine, um ihren Nachwuchs bestmöglich vor eierfressenden Räubern, wie Raubvögeln und Ratten, zu schützen. Zudem bieten die erkletterten Regionen mehr Schutz vor der Witterung.

Haben sich Pinguine einmal für einander entschieden, bleiben sie sich ein Leben lang treu. Da sie sich etwa im Alter von fünf Jahren das erste Mal paaren und rund zehn Jahre alt werden können, leben Felsenpinguine also die halbe Zeit ihres Lebens mit ihrem Partner zusammen. Umgerechnet auf ein achtzig Jahre währendes Menschenleben würde eine solche Zeitspanne das Feiern der Rubinhochzeit bedeuten.

Welcher Vogel gibt ein **DEUTLICHES SIGNAL**, wenn er zur Landung ansetzt?

Schon seit Langem wünsche ich mir einen Papagei als Haustier. Gerne würde ich dem Vogel ein paar Worte beibringen. Auch beobachte ich Papageien, wie etwa die verspielten Keas, sehr gerne, wenn ich in den Zoo gehe. Warum ich mir doch noch keinen eigenen Papagei zugelegt habe, hat mehrere Gründe. Einer davon liegt in der großen Auswahl: Es gibt über 320 Arten, die sich in Farbe, Größe, Sprachbegabung und Verhalten stark unterscheiden.

Einer davon, der weiß gefiederte Gelbhaubenkakadu, gibt mit seiner namensgebenden, auffallenden Haube in leuchtendem Gelb deutliche Signale. Entsprechend seiner Stimmung hebt und senkt er diese, besonders, wenn er sehr aufgeregt ist. Das ist bei dem insgesamt rund fünfzig Zentimeter großen, in Indonesien, Ost- und Südaustralien heimischen Kakadu bisweilen der Fall, wenn es stark regnet, denn das gefällt dem gewandten Flieger, der auch gerne verspielte Flugkunststücke einbaut, weniger. Die gelbe Haube, deren Federn über zehn Zentimeter messen, stellt der Vogel auch auf, wenn er zur Landung ansetzt. Frei nach dem Motto: „Bahn frei, hier komme ich". Ausruhen kann sich der Gelbhaubenkakadu in Bäumen nahe von Gewässern.

Seine Nahrung, die aus Nüssen, Samen, Früchten, Kräutern und Insekten besteht, pickt er meist vom Boden. In seinen Heimatregionen findet der Gelbhaubenkakadu genügend Nahrung und zählt deshalb nicht zu den bedrohten Vogelarten. Da er aber auch Mais- und Weizenkörner von Feldern stibitzt, ist der Gelbhaubenkakadu etwa in Neuseeland, wo er eingeführt wurde, weniger gern gesehen. Allerdings vertilgen diese Papageien auch viele Schädlinge, wie Heuschrecken, was den Ernteerträgen wiederum zugutekommt. Die Natur hat mit ihren Kreisläufen eben bestens vorgeplant. Gelbhaubenkakadus leben bevorzugt als Paare oder in kleineren Schwärmen. Meist legt ein Vogelweibchen zwei bis drei Eier, die das Kakadupaar gemeinsam einen knappen Monat hindurch ausbrütet. Ungefähr zehn Wochen nach dem Schlüpfen sind die Jungvögel flügge und verlassen das elterliche Nest. Wegen ihrer engen Bindung an einen Partner sollen Gelbhaubenkakadus keinesfalls allein gehalten werden, da sie dabei vereinsamen und sehr betrübt werden. Bei einer Lebenserwartung von etwa fünfzig Jahren und mehr ist ein halbes Jahrhundert in Einsamkeit auch nicht zumutbar. Ebenso wie man sich selbst die Tiere kaum in der Wohnung antun möchte, denn die verspielten Gesellen können, bevorzugt in den Morgenstunden, sehr laut werden und nehmen auf das Mobiliar wenig Rücksicht.

Auch bedürfen sie genug Raum, um ihren Flugkünsten nachkommen zu können. Größere Volieren im Freien sind somit der geeignete Ort, um die intelligenten Gelbhaubenkakadus halten und beobachten zu können.

Damit scheiden diese Papageien für mich leider aus. Meinen Gefallen finden sie dennoch und bei meinem nächsten Zoobesuch werde ich genau hinschauen, wenn einer von ihnen seinen Flug beenden möchte und seine bevorstehende Landung signalisiert.

Welcher ist der „BEGABTESTE" SINGVOGEL der Welt?

Ein großer und berühmter Sänger oder eine große und berühmte Sängerin zu werden, ist der Traum vieler Jugendlicher. Ein Singvogel hat dies bereits ganz ohne Teilnahme an einer Castingshow geschafft – wobei sich groß bei ihm auch auf seine tatsächliche Körpergröße bezieht.

Der Graurücken-Leierschwanz ist nämlich mit etwa neunzig Zentimetern einer der größten Singvögel der Welt. Beim Männchen kommt noch der bunte, etwa sechzig Zentimeter lange Federschwanz hinzu. Dennoch ist der graubraune Vogel mit dem namensgebenden grau gefärbten Rücken kein optisch so auffälliger Federträger wie etwa der prächtige Pfau. So richtig zur Geltung kommt der in Tasmanien und Australien heimische Vogel erst in bewegten Bildern, wobei vor allem die Töne, die er von sich gibt, Aufmerksamkeit erregen. Genau das will der männliche Leierschwanz mit seinem Gesang und Tanz auch erreichen. Dabei geht es ihm allerdings nur um die Aufmerksamkeit einer ganz bestimmten Zuhörerin: dem Weibchen seiner Wahl. Da mehrere

Männchen um die Gunst einer Vogeldame konkurrieren, müssen sie sich schon etwas einfallen lassen. So können die Vögel vier verschiedene Gesänge, die sie mit passenden Tanzschritten verbinden. Eine wahre Choreografie, die jahrelange Übung erfordert. Auch überraschende Geräuscheinlagen integrieren Leierschwänze in ihre Brautwerbung. So können sie nicht nur die Rufe und Gesänge anderer Vögel nachahmen, sondern auch Geräusche, die sie oft zu hören bekommen. Wenn ich von einem Vogel lese, der Presslufthammergeräusche, Motorenlärm oder Alarmanlagen nachahmen kann, muss ich erst einmal an einen anderen Vogel denken: die „Zeitungsente". Doch Aufnahmen von Naturforschern bestätigen mir das, was sich unglaublich anhört. Die Vielfalt an Geräuschen, mit welcher ein Leierschwanz aufwartet, ist wirklich erstaunlich. Sie spricht zudem für seine Intelligenz und sein gutes Gehör. Anders als viele Stars der Musikwelt benötigt der Graurücken-Leierschwanz auch kein eigenes Bühnenteam. Den Platz für seine Darbietung bereitet er selbst vor. Ehe er loslegt, räumt er einen ausreichend großen Bereich auf dem Waldboden frei, indem er Äste, Blätter und alles, was seine Tanzeinlage sonst noch stören kann, beiseite trägt. Getreu nach dem Motto: „Selbst ist der Vogel".

Die Nächte verbringen Leierschwänze zum Schutz vor Fressfeinden auf Bäumen. Nach der Paarung vollführt das Männchen erneut eine Art Tanz, was sein letzter Beitrag als Vater ist. Für das sechswöchige Ausbrüten des Eis sowie den vorangehenden Nestbau des auf dem Boden ausgehobenen Geleges ist allein das Weibchen zuständig. Der Vater übt vielleicht lieber neue Geräusche für „Gesangseinlagen" im kommenden Jahr oder stärkt sich erst einmal mit Insekten und Larven, die er am Boden aufscharrt. Auch das Weibchen kann wie das Männchen Geräusche anderer Vögel imitieren, wobei Leierschwanzweibchen dies nicht zum Finden eines Partners nötig haben und es darum nur selten machen. Wonach die Weibchen den Gesang der Männchen beurteilen, bleibt unklar. In ihrer Rolle als „Jury" sind sie völlig frei und können nach eigenen Kriterien den Sängern einen Korb geben oder ihnen ihre Verehrung zuteilwerden lassen. Zumindest hinsichtlich der Vielseitigkeit wäre ein Leierschwanz wohl manchem Castingshow-Kandidaten überlegen.

Wozu braucht ein Vogel KRALLEN an den FLÜGELN?

In beinahe jedem Buch über Dinosaurier steht zu lesen, dass Vögel die modernen Nachfahren der Urzeitechsen sind. Da Dinosaurier mich interessieren, seit ich denken kann – vielleicht, weil sie so groß oder den mich ebenfalls faszinierenden Drachen ähnlich sind –, ist mir der *Archaeopteryx* schon lange bekannt. Dieser gilt unter Paläontologen als „Urvogel". Das Tier ähnelte im Körperbau sehr den Dinosauriern, hatte aber Flügel. Es war etwa so groß wie ein Rabe und konnte fliegen, vermutlich aber nur über kurze Strecken.

Dies trifft auch auf den heute lebenden Hoatzin, einen etwa siebzig Zentimeter großen und achthundert Gramm schweren Vogel in den Regenwäldern Südamerikas, zu. Dieser rotbraune Vogel verdaut seine Nahrung in einem Kropf, einer Erweiterung seiner Speiseröhre. Mit dieser Methode, die dem Wiederkäuen von Rindern ähnelt, kann er schwer verdauliche und sogar giftige Blätter verwerten. Er ist der einzige Vogel, der seine Nahrung so aufnimmt. Da er seine Jungen mit dem dort vorverdauten, übel riechenden Nahrungsbrei füttert, wird er von den Einheimischen auch Stinkvogel genannt.

Doch der Hoatzin hat noch weitere Eigenheiten. Er ist nicht nur kein guter Flieger, sondern auch nicht sonderlich gut zu Fuß. Dennoch sind seine Jungen besonders an ihre Umgebung angepasst. Sie haben nämlich zwei Krallen an jedem Flügel. Das ist ein weiteres Merkmal, das den Hoatzin von allen anderen heute lebenden Vögeln unterscheidet und ihn mit dem Archaeopteryx verbindet, der jeweils drei Flügelkrallen besaß. Doch wozu nutzen junge Hoatzine diese Krallen? Sie sind tatsächlich mehr als nur ein Überbleibsel der Evolution. Hoatzine bauen ihre Nester in Bäumen an Flüssen. Die Hauptbedrohung für frisch geschlüpfte Küken und Jungvögel stellen verschiedene Baumschlangen, Raubvögel und kletternde Raubsäuger dar.

Wenn eine Schlange von einem Jungvogel bemerkt wird, stürzt sich dieser aus dem Baum ins Wasser. Ist die Schlange fort, kann das Jungtier mit seinen Krallen wieder an Land klettern, indem es sich an Ästen und Ähnlichem festhält. Anschließend helfen ihm die Krallen als Steigwerkzeuge, um wieder auf den Baum und ins elterliche Nest zu gelangen. Auch beim Erwachsenwerden spielen die Krallen für die Jungvögel eine entscheidende Rolle. Vogeljunge, die nie ins Wasser entkommen mussten, springen instinktiv auch von allein ins Wasser. Auf diese Weise verlassen sie erstmals das Nest der Eltern. Diese helfen notfalls mit einem Schubs nach, sodass die Hoatzinjungen sprichwörtlich ins „kalte Wasser“ geworfen werden. Erwachsene Vögel verlieren ihre Flügelkrallen etwa mit dem hundertsten Lebenstag. Da sie fliegend Fressfeinden entkommen können, sind die Krallen überflüssig geworden.

Mit dem Kamm auf dem Kopf erinnern die Vögel mich etwas an einen Hahn. Anders als dieser werden sie - auch wegen des üblen Geruchs - kaum von Menschen gegessen. Ihre Haltung in Tierparks verlief meist unglücklich, da die Tiere sich dort nicht vermehrten. Bleibt also zu hoffen, dass Hoatzine mit ihren vielen Besonderheiten noch lange in den Regenwäldern überleben. Genau wie beim Archaeopteryx weiß die Wissenschaft immer noch nicht genau, mit welchen anderen Tieren der Hoatzin besonders nahe verwandt ist. Zweifelsfrei gefällt mir dieser spezielle Vogel sehr gut. Nun ja, ich muss ihn ja auch nicht riechen …

Welcher PAPAGEI kann nicht fliegen?

Beim Gedanken an Papageien habe ich das Bild eines bunten Vogels, der auf der Schulter eines Menschen, genauer gesagt eines Piraten, sitzt, vor mir. Jeder Mensch verbindet mit einem Begriff andere Vorstellungen. So denkt man bei dem Wort Vogel eigentlich immer an einen fliegenden Federnträger. Außer man stellt sich Pinguine oder Strauße vor. Und auch der Papagei meiner Vorstellung muss ja irgendwie auf die Schulter seines Trägers gekommen sein. Da er ein Vogel ist, am einfachsten fliegend. Wenn dem so ist, dann ist das Tier, das mir vor Augen steht, kein Kakapo.

Ja, dieser Name ist, wie auch sein Träger, sehr ungewöhnlich. Die andere Bezeichnung Eulenpapagei erhielt er von Seefahrern, und sie weist bereits auf eine Eigenheit dieses großen, rund sechzig Zentimeter messenden Vogels hin: Der mit bis zu vier Kilogramm schwerste Papagei der Erde ist nachtaktiv. Neben ihrer Nachtaktivität haben Kakapos auch den sogenannten Gesichtsschleier, das sind besonders feine Federn im Gesicht der Vögel, mit den Eulen gemein.

Mit seiner niedlichen Optik müsste sich der grüngelbe Vogel meiner Meinung nach nicht verstecken. Sich einen Kakapo als Haustier zuzulegen, ist aber leider nicht möglich, denn von den auf Neuseeland beheimateten Vögeln leben nur noch etwa zweihundert Exemplare. Das wird von Tierschützern als Erfolg gewertet, da die Population der „Nichtflieger“ schon auf rund fünfzig Tiere gesunken war. Und trotz des großen Engagements bleibt es sehr schwer, diese Vögel zu züchten. Kakapos sind nämlich stark von den Rimu-Früchten, welche die nur in Neuseeland wachsende Rimu-Harzeibe bildet, abhängig. Nur etwa alle drei Jahre tragen diese Bäume viele Früchte und nur in diesen Jahren paaren sich die Kakapos. Diesem Akt geht ein Wettstreit der Männchen voran. Die männlichen Kakapos kommen zum Werben einer Partnerin auf Balz-Arenen zusammen. Daraufhin beginnen sie mit den aufgeblasenen Luftsäcken ihres Kehlbereichs gegeneinander anzudröhnen. Die angelockten Vogelweibchen entscheiden sich dann für einen Brutpartner und legen nach der Paarung meist nur wenige Eier, von denen einige nicht befruchtet werden. Kein Wunder also, dass die Kakapo-Population trotz aller Bemühungen nur sehr langsam wieder zunimmt.

Seine Flugunfähigkeit ist die Hauptursache, warum der Kakapo mittlerweile derart gefährdet ist. Seefahrer schleppten nämlich verschiedene Raubsäuger wie Katzen, Hunde, Ratten, Frettchen und Marder ein, welche die Vögel und deren Eier erbeuteten. Doch warum kann der Kakapo eigentlich nicht fliegen? Das liegt nicht an seinem Gewicht, und auch seine Flügel sind gut entwickelt. Mit ihrer Hilfe kann er seinen Sprung von erkletterten Bäumen herab verlangsamen. Ihm fehlt jedoch der Kiel am Brustbein, an welchem die Flugmuskeln bei Vögeln sitzen.

Eine weitere Besonderheit der Tiere betrifft ihren Geruch. Sie verströmen ein blumiges, auch an Honig erinnerndes Aroma. Da Kakapos auch die Früchte, Samen und Pollen weiterer Pflanzen nicht verschmähen, gibt es die Hoffnung, dass die herangezüchteten Kakapogenerationen in Zukunft lernen jährlich zu brüten. Doch bis die Natur sich umstellt, dauert es lange. Immerhin haben die heute auf vier Inseln um Neuseeland lebenden Kakapos dort keine Raubtiere zu fürchten. Und ein Kakapo kann einhundert Jahre alt werden, ganz ohne dass er je eine Flugmeile sammelte.

Wer legt zur Brautwerbung eine „HALSKETTE“ aus Federn an?

Der Name Kampfläufer erinnert eher an einen Fantasy-Krieger oder zumindest ein sehr wehrhaftes Tier. Doch die Träger dieses Namens gehören zur Zugvogelgattung der Schnepfen. Mit bis zu sechzig Zentimetern Flügelspannweite und einem Gewicht von durchschnittlich knapp zweihundert Gramm ist das Tier nicht gerade wegen seiner Größe und Masse zu fürchten. Auch ist der Insekten, Samen und Schnecken fressende Flieger kein Jäger der Lüfte. Dennoch trägt er seinen Namen nicht umsonst. Zum einen „kämpft“ er sich in langen Flügen von Nordeuropa bis nach Afrika, wo er die kalten Winter in den warmen Regionen südlich der Sahara verbringt. Auf der Durchreise können die etwa zehn Jahre alt werdenden Vögel ab und an auch bei uns gesichtet werden. Zudem brüten wenige Vögel an der Nordseeküste. Zum anderen kann man bei einem Besuch im Tierpark nachvollziehen, weshalb der Name Kampfläufer vor allem auf das Verhalten der Vögel in der Balzzeit zutrifft. Die Männchen vollführen nämlich Kämpfe, um die „Gunst“ der Vogeldamen zu erlangen.

Hierzu gehört erst einmal das Ausstaffieren mit extravagantem, auffallendem Zierwerk. Normalerweise unterscheiden sich die Männchen, abgesehen davon, dass sie deutlich größer sind, kaum von den Weibchen. An der Unterseite sind die Vögel hellbeige und am Rücken und den Flügeln beige-braun gefiedert. Zur Balz legt das Männchen aber eine „Halskette“ an. Lange, lose Federn um Hals und Scheitel verleihen dann den Vogelmännchen ein individuelles Aussehen. Der an Halskrausen erinnernde Federschmuck ist in der Farbgestaltung sehr unterschiedlich. Vorwiegend sind sie schwarz oder weiß gefärbt, können aber auch braune und rötliche Federn als Zierelemente enthalten. Neben dem richtigen „Dress" legen die Tiere auch Wert auf ein geeignetes Ambiente. Die Männchen legen „Kampfarenen", bevorzugt auf sumpfig-feuchtem Untergrund, an. Dann duellieren sich zwei Vögel miteinander, während Vogelweibchen an den dicht beieinanderliegenden Arenen entlangschreiten und sich die Kämpfer besehen, um so den geeignetsten Brutpartner zu erkennen.

Bei ihrem „Duell" spreizen die Männchen ihren Balzschmuck, sodass ihre Zierde voll zur Geltung kommt. Sie flattern mit den Flügeln, springen in die Höhe und vollführen mit ihrem Schnabel, ihren Beinen oder Flügeln kurze, plötzliche Attacken. Doch auch diese Kämpfe sind harmloser, als es der Name der Tiere vermuten lässt. Es sind eher Tänze mit Kampfeinlagen. Hat sich ein Weibchen für ein Männchen entschieden, so legt es nach der Paarung meistens vier Eier. In der Folgezeit ist es mit den Bemühungen von Seiten des Männchens vorbei. Das rund zwanzig Tage währende Ausbrüten und die Aufzucht der Jungen, die nach knapp dreißig Tagen flügge werden, ist allein Sache der Mutter. Vielleicht muss sich das Männchen ja von den Kämpfen erholen oder es überlegt sich schon, mit welchem „Design" seiner Federkette es im nächsten Jahr die „Damenwelt" beeindrucken kann.

Welche Vögel können RÜCKWÄRTS fliegen?

Vorwärts fliegen, na klar, nach links und rechts auch – das können alle flugfähigen Vögel. Aber auf der Stelle und sogar rückwärts fliegen können nur die bunten Kolibris. Diese Vögel sind ziemlich klein und leben in den Tropen. Dort schwirren sie von Blüte zu Blüte, um an den Nektar der Blumen zu gelangen. Der zuckerhaltige Saft liefert den Vögeln viel Energie. Diese haben sie auch nötig, da ihre Flugmethode sehr energieaufwendig und anstrengend ist. Kolibris flattern besonders häufig mit ihren Flügeln, um in die gewünschte Richtung zu gelangen. Etwa vierzigmal in der Sekunde müssen Kolibris bei ihrem sogenannten Schwirrflug mit den Flügeln schlagen. Das geschieht so schnell, dass es für uns Menschen mit bloßem Auge nicht zu erkennen ist.

Allgemein können wir die Vögel im Flug nicht deutlich ausmachen. Das Objekt, das wir vorbeischwirren sehen, würden wir wohl eher für ein Insekt als für einen Vogel halten. Nur wenn wir einen auf einem Ast sitzenden Kolibri sehen, können wir seine Farben, seine Form, seinen Schnabel und sein Federkleid genau erkennen. Das Farbspektrum der weit über dreihundert Kolibri-Arten ist sehr weitreichend. Farben von schillerndem Grün über leuchtendes Blau bis hin zu grellen Rottönen kann das Gefieder der kleinen Flugkünstler annehmen. Einige Arten sind etwas unscheinbarer in dezenten Schwarz- und Grautönen unterwegs. Doch auch diese Vögel schillern, wenn wir sie betrachten. Das liegt an den verschiedenen Schichten von winzigen Hornlamellen auf den Federn der Kolibris. Diese reflektieren das Licht mit einem minimalen zeitlichen Unterschied, was für unser Auge das Gefieder aus verschiedenen Perspektiven unterschiedlich schimmern lässt.

Doch weshalb muss der Kolibri eigentlich rückwärts fliegen können, denn allen anderen Vögeln genügt es doch bereits, dass sie vorwärts fliegen können? Das hat gleich mehrere Gründe. Zum einen kann der extrem wendige Nektartrinker auf diese Weise Raubvögeln geschickt entkommen, indem er sie „ausmanövriert". Hierfür ist es auch hilfreich, dass die kleinen Flieger beinahe mit bis zu hundert Stundenkilometern durch die Luft sausen können. Zum anderen benutzen die Vögel auch bei der Nahrungsaufnahme ihre einzigartigen Flugkünste. Das Fliegen auf einer Stelle benötigen Kolibris während des Nektartrinkens. Der Rückwärtsgang kommt bei vielen Kolibris zum Einsatz, wenn sie ihren langen Schnabel aus der Blüte ihrer bevorzugten Pflanze herausziehen. Die bei vielen Arten langen Schnäbel sind nämlich so sehr an eine Blütenform angepasst, dass dies nur rückwärts möglich ist, wenn die Blüte beim Abflug nicht beschädigt oder sogar zerstört werden soll. Und das ist von der Natur nicht gewollt. Der Kolibri trägt mit seiner Ernährungsweise ganz im Gegenteil auch zur Bestäubung der Blüten bei, da er bei der Landung an einer zweiten Blüte den Blütenstaub, der von seinem vorherigen Flug an ihm haften blieb, wieder abstreift. Diese Zusammenarbeit von Tier und Pflanze sorgt für den Fortbestand beider.

Kolibris, die das für sie besonders gefährliche erste Lebensjahr überleben, können etwa fünf bis zehn Jahre alt werden. Als Ausgleich zu ihrem umtriebigen Tagwerk senken Kolibris in der Nacht ihre Temperatur ab und verfallen in Körperstarre, bis sie die Morgensonne wieder aufweckt.

Der kleinste Kolibri ist der Hummelkolibri, der nur etwa fünf Zentimeter groß wird. Dies ist nicht viel größer als die namensgebende Hummel, welche auch rückwärts fliegen kann. Wenn ich über den Kolibri nachdenke, frage ich mich, ob andere Vögel wohl auch gerne einmal den Rückwärtsgang einlegen würden?

Welche Vögel bauen eine „VILLA“ zur Brautwerbung?

Eine bekannte Partnerbörse richtet sich in ihren Werbespots an Singles und Akademiker mit Niveau. Diese beiden Eigenschaften, Partnersuche und Niveau, treffen auch auf männliche Laubenvögel zu, die nach einer Partnerin suchen. Allerdings benutzen die Vögel, die in Australien und Neuguinea leben, ganz andere Methoden als das Internet. Die Männchen bauen zur Brautwerbung prachtvolle Nester, die sie gerne auch farbig dekorieren. Von siebzehn der zwanzig Arten der Laubenvögel weiß man, dass sie ein solches Verhalten, dem sie ihren Namen verdanken, an den Tag legen.

Am besten erforscht ist der Seidenlaubenvogel, der schon im 19. Jahrhundert vom Menschen in Käfigen gehalten wurde. Dieser auch Satinlaubenvogel genannte gefiederte Geselle wird gut dreißig Zentimeter lang, wovon etwa ein Drittel auf den Schwanz entfällt. Das Vogelweibchen wird etwas größer.

Optisch unterscheiden sich beide Geschlechter deutlich voneinander. Das geschlechtsreife Männchen hat ein blauschwarzes, glänzendes Gefieder. Dementsprechend verbauen die farbbewussten Tiere häufig blaue Blüten in ihren Nestern. Auch blaue Gegenstände von Menschen, beispielsweise blaue Glasscherben, kommen zum Einsatz. Schließlich geht die Vorliebe für Blau so weit, dass die Tiere blaue Beeren auspressen, um mit deren Saft und Fruchtfleisch das Nest zu färben. Blau sticht als Farbe besonders hervor und ist zudem die seltenste Farbe in der Natur. Ein solcher Aufwand verspricht, dass die Laube Eindruck auf die Weibchen macht. Neben der Farbe Blau werden gelbe und grüne Materialien bevorzugt. Rot widerspricht dem Farbgeschmack der Vögel. In Experimenten von Forschern eingebaute rote Materialien wurden durch die Laubenvögel sofort aus ihrem Bauwerk entfernt.

Das ausgewachsene Weibchen hat eine blassgelb gefärbte, braun gemusterte Körperunterseite. Seine Flügel sind zimtbraun, der Rücken und die Oberseite der Flügel ist braun und schimmert zudem in graugrünen bis blaugrünen Tönen. Anders als bei vielen Vögeln, wie etwa dem Pfau, wirkt das Weibchen nicht unscheinbar, wenn man es mit dem Männchen vergleicht. Kein Wunder also, dass der männliche Vertreter eine tolle Liebeslaube baut, um eine Partnerin zu gewinnen. Wobei es bei einer nicht bleibt: Erfolgreiche Baumeister paaren sich nämlich mit bis zu dreißig Weibchen, wohingegen weniger begabte Konkurrenten ganz leer ausgehen können.

Die Weibchen wählen ihren Partner anhand der Laube. Dies führt in der Bauzeit auch zu Sabotageakten unter den männlichen Vögeln, die sich gerne besonders schöne Baumaterialien gegenseitig stibitzen oder Lauben von Rivalen zerstören. Die Laube zeigt dem Weibchen also auch, dass das betreffende Männchen sich gegen Konkurrenten verteidigen kann.

Hat eine Laube bei einem Weibchen Eindruck gemacht, vollführt deren „Architekt" einen aufwendigen Balztanz, um seine Angebetete vollends von sich zu überzeugen. Zudem imitiert er die Laute anderer Vogelarten.

Anhand der Laube, des Tanzes und der Sangesleistung entscheidet sich ein Weibchen, nachdem es die verfügbaren Männchen miteinander verglichen hat, schließlich für den am geeignetsten erscheinenden Partner. Die Architekturleistung des Männchens und die Auswahl des Weibchens verdeutlichen, warum Laubenvögel zu den intelligentesten Vogelarten gezählt werden. Entgegen ihrem Aufwand vor der Paarung helfen die Männchen nicht bei der Brut und Aufzucht des Nachwuchses. Sie sind also Baumeister, aber geben nicht den Familienvater.

Wer hüpft SENKRECHT die Felswand hoch?

Weite Sprünge können nicht nur Kängurus und Grashüpfer machen. Senkrecht die Wand hochgehen können Geckos. Aber ein Tier, das senkrecht an Felswänden hochhüpft? Ja, das gibt es. Der Mauerläufer ist ein Leichtgewicht. Mit nur zwanzig Gramm und einer Flügelspannweite von rund dreißig Zentimetern fällt der seltene Vogel kaum auf. Dass in ihm aber ein paar besondere Fähigkeiten schlummern, kann man vielleicht schon an seinen teilweise in kräftigem Rot gefärbten Flügeln erkennen. Das übrige Federkleid ist von eher unscheinbarer grauer bis schwarzer Färbung mit weißen Punkten an den Flügeloberseiten. Der in den Felsen der Gebirge Süd- und Mitteleuropas sowie Vorder- und Zentralasiens lebende Mauerläufer macht sich witterungsbedingt auch zu weiten Flügen auf, um den Winter in südlicheren Gefilden zu verbringen.

Zur Brutzeit zwischen Mai und Juli sucht er sich einen Nistplatz in geschützten Felsspalten oder ab und an in Gebäuden. Das Vogelweibchen legt meist drei bis fünf Eier und bebrütet diese für knapp zwanzig Tage. Nach einer etwas länger als zwanzig Tage andauernden Nestlingszeit werden die Jungvögel flügge. Allerdings verweilen sie noch gerne eine geringe Zeit bei ihren Eltern. Danach machen sie sich auf zum Flug in ein eigenes Gebiet. An ihre felsige Heimat sind die Tiere nicht nur beim Brüten bestens angepasst. Der lange dünne Schnabel ist ihnen sehr hilfreich, wenn es gilt, Insekten und Spinnentiere aus Felsspalten zu erhaschen. Doch noch weitaus beeindruckender als der Einsatz des Schnabels ist die Methode, wie sich der Mauerläufer bei seiner Nahrungssuche von Felsspalte zu Felsspalte an nahezu senkrechten Felswänden emporarbeiten kann. Mit seinen scharfen Krallen findet er, ähnlich einem Bergsteiger mit seinen Steigeisen, einen sehr guten Halt auf steinigem Untergrund. Darüber hinaus verlagert er sein Gewicht nach vorn und vollführt „Flugsprünge" bis zum nächsten Felsabsatz. Meist unternimmt er seine „Hüpfer" mit seitwärts ausgerichteter Körperhaltung. Dergestalt und durch das häufige und ruckartige Schlagen mit seinen Flügeln, welches Insekten aufscheucht, gelangt er gekonnt an seine Nahrung.

Doch die Spezialisierung des Vogels hat auch ihre Schattenseite. Einzelne Brutpaare leben weit voneinander entfernt, da sie eine weite Fläche zur Nahrungsversorgung und zum Finden eines Brutplatzes für sich benötigen. Diesen zu entdecken ist nicht so einfach. Auch wegen des eingeschränkten Geländes, in dem die Vögel leben können, ist der Mauerläufer sehr selten.

Jüngst wird sein Lebensraum, etwa in den bayrischen Alpen, auch durch die zunehmende Beliebtheit des Bergsteigens beeinträchtigt. Zu verdanken hat er Alpinisten immerhin seinen Namen: Als „Mauer" werden in deren Sprachgebrauch steile Felswände bezeichnet. Solche zu erklimmen ist für den Vogel eine Kleinigkeit, die er hüpfend meistert. Da wir ohne Hilfsmittel höchstens sprichwörtlich „senkrecht die Wand hochgehen" können, kann man neidisch auf ihn werden ...

Welcher Vogel war den **AZTEKEN HEILIG**?

Die Azteken waren eine Hochkultur Mittelamerikas, deren Höhepunkt vom 14. bis zum 16. Jahrhundert andauerte. Ihre Hauptstadt Tenochtitlán befand sich auf dem Gebiet der heutigen Metropole Mexiko-Stadt. 1521 wurde Tenochtitlán von dem spanischen Konquistador Hérnan Cortés zerstört.

Ein Tier, das von diesem und anderen einheimischen Völkern Süd- und Mittelamerikas als heilig verehrt wurde und wird, ist einer der schönsten Vögel unserer Erde: der Quetzal. Dieser Bewohner des mittelamerikanischen Hochlandes ist vorwiegend in den Gebirgshöhen Mexikos, Costa Ricas und Guatemalas, etwas seltener auch in Peru, Panama und Nicaragua anzutreffen. Der gut dreißig Zentimeter große Vogel, der zur Familie der Trogone gehört, zeichnet sich durch seine grüngelb schimmernden Federn aus. Seine Brust ist von leuchtendem Rot, und manche Federn schillern dem Betrachter in Blautönen entgegen. Die auffallenden, bis zu einem knappen Meter langen Schwanzfedern tragen nur die Männchen. Diese sind während der Brutzeit von schwarzweißen Oberschwanzfedern bedeckt, die nach dieser Zeit wieder ausfallen.

Seine langen Federn, die der männliche Quetzal während seines von Rufen begleiteten Balzfluges der Vogeldamenwelt präsentiert, brachten ihm den Namen „Göttervogel" ein. Da er besonders weit oben fliegt, wurde er als Mittler zwischen Himmel und Erde, also zwischen den Menschen und den Göttern, betrachtet. Weitere Legenden besagen, dass der Quetzal einst nur gelbgrün gefiedert gewesen sei. Seine rote Brust habe er beim Bad in dem Blut der von den spanischen Eroberern getöteten Einheimischen erhalten. Eine traurige Erklärung für diese Farbenpracht. Auch das weitere Schicksal des Vogels, der als Nationaltier sogar der Namensgeber für die Währung Guatemalas ist, könnte traurig sein, denn seit Beginn des 21. Jahrhunderts gilt er als bedroht. Die immerfeuchten, nebligen Berge in den Tropen schwinden. Doch gerade deren Klima benötigt der Quetzal. In meist über 1300 Metern Höhe findet er auch morsche Baumstümpfe, die er für seine Nisthöhle aushöhlen kann. Das Quetzalweibchen legt meist zwei blaue Eier; die Aufzucht der Jungvögel übernehmen die Vogeleltern gemeinsam. Die treuen Quetzals leben in strenger Einehe.

Auch für die Fauna dieser Regionen ist der Quetzal besonders wichtig. Die kleinen Avocaditos, wilde Avocadoformen, vermehren sich mit seiner Hilfe. Er schluckt deren Früchte im Ganzen hinunter. Nach geraumer Zeit würgt er den harten Kern aus und ein neuer Baum kann aus diesem wachsen. Die Reife einer solchen Frucht kann der Quetzal vermutlich durch eine besonders ausgeprägte Wahrnehmung von UV-Licht erkennen. Einst war es bei den Azteken und ihrer Vorgängerkultur, den Mayas, verboten, Quetzals zu töten. Heute sind Jäger, die es vorwiegend auf die schönen Federn abgesehen haben, eine weitere große Gefahr für den „Göttervogel“.

Deshalb sollten Touristen lieber anstreben, ein Foto von diesem Vogel zu machen als Souvenirs aus Quetzalfedern zu erstehen. Denn das „Schießen“ von Fotos schadet den eleganten Fliegern nicht, und vielleicht können die Quetzals dann noch lange als Mittler zwischen Himmel und Erde ihre Botschaften hinausrufen.

Welcher BESONDERE VOGEL schmückt asiatische Geldscheine und Briefmarken?

?

Warum er zu den Nashornvögeln gehört, ist unschwer zu sehen. Der Rhinozerosvogel ist ein an seinem voluminösen, in Farbe und Form an Bananen erinnernden Schnabel leicht wiedererkennbares Tier. Der Körper des Vogels ist von schwarzen Federn bedeckt, nur der Unterbauch, die Beine und der Schwanz sind weiß. Der von Kopf bis Schwanzspitze etwa fünfundachtzig Zentimeter große Vogel wird rund zweieinhalb Kilogramm schwer. Männchen übertreffen weibliche Vögel etwas in Gewicht und Größe sowie in den Ausmaßen des Horns am Schnabel. Dieses ist vorwiegend gelb und färbt sich teilweise orangefarben bis rot. Diese kräftigere Färbung erhält der Schnabel nicht etwa durch das ausgiebige Sonnenbaden, welches der rund um Malaysia und Indonesien verbreitete Vogel gerne betreibt, sondern wegen eines Sekrets, dem Bürzelsekret, das der „Großschnabel“ auch zur Pflege des Gefieders verwendet. Weniger wegen dem Glanz seines Federkleides als wohl vielmehr wegen seines markanten Schnabels wird der Vogel auf dem 5-Ringit-Schein, der Währung Malaysias, abgebildet. Auch verschiedene Briefmarken, etwa aus Nordborneo, sind mit dem Konterfei des Rhinozerosvogels verziert.

Wozu der Vogel sein Horn trägt, ist strittig. Auch wenn es so aussieht, ist es jedenfalls nicht besonders schwer. Es könnte dem Tier zur Regulierung der Körpertemperatur oder auch zur Verstärkung seiner Lautstärke dienen. Horn und Schnabel wetzt das Tier gerne an Bäumen, was auch an Zootieren beobachtet werden kann. Seinen Schnabel benötigt er zum

Vertilgen seiner Hauptnahrung, die aus frischem Obst besteht. Neben den von ihm bevorzugten Feigen kann der Vogel auch Stein- und Kapselfrüchte gekonnt damit aufknacken. Da lohnt sich die Schnabelpflege. Auch Eier anderer Vögel sowie Insekten und Frösche werden nicht verschmäht. Trinken muss der Vogel, so wird vermutet, nicht, da er seinen Flüssigkeitsbedarf durch seine pflanzliche Ernährung abdecken kann. Der Regenwaldbewohner nistet in natürlichen Baumhöhlen. Das Besondere hierbei: Das Weibchen mauert sich circa zwei Wochen nach dem Paarungsakt in diese Baumhöhle ein und legt ein bis drei Eier. Nach rund vierzig Tagen schlüpfen die Küken. Diese bleiben noch etwa achtzig Tage im Nest. Während der Brutzeit wird das Weibchen und später auch der Nachwuchs vom Vogelmännchen durch ein Loch in der „Mauer" mit Futter versorgt.

Verlässt die Mutter ihre Brut, um wieder selbstständig auf Futtersuche auszufliegen, so verschließen die Jungvögel die Baumhöhle erneut. Zum Zumauern wird eine Mischung aus Exkrementen und Holzresten, welche die Tiere im Bauminnern erreichen können, verwendet. Nashornvögel fliegen auf der Nahrungssuche weite Strecken. Männliche Jungvögel schließen sich gerne in Gruppen zusammen. Diese „Teenager" wurden auch schon bei sehr sozialen Verhaltensweisen beobachtet: In mehreren Fällen wurde festgestellt, dass sie die Fütterungsaufgaben eines toten Männchens für dessen Brut oder dessen Partnerin übernommen haben. So sind die Tiere nicht in ihrer sicheren Höhle verhungert. Trotz solcher Hilfsbereitschaft ist der Rhinozerosvogel eine gefährdete Vogelart, da sein Lebensraum immer mehr abgeholzt wird. Und über freie Flächen fliegen die Vögel nicht gerne. Zudem benötigen sie die Bäume für ihr besonderes Brutverhalten. Deshalb ist zu hoffen, dass dieser negativen Entwicklung Einhalt geboten wird. Wie alle Tierschutzprojekte ist auch der Erhalt der Rhinozerosvögel und ihres Lebensraumes eine Kostenfrage. Nur mit „seinem Geldschein" wird sich dies nicht bewerkstelligen lassen. Fünf Ringit entsprechen etwa einem Gegenwert von knapp 25 Cent.

?

Sind SCHWÄNE aggressiv?

Der Schwan ist ein großer, kräftiger Vogel, der zu den Entenvögeln zählt. Vor allem wegen seiner mit dem Wasser eng verbundenen Lebensweise kann man diese verwandtschaftliche Nähe zu den Enten erahnen. Noch näher verwandt ist er jedoch mit den Gänsen. Doch anders als diese sind Schwäne seltener auf Bauernhöfen und dafür öfter in Erholungs- und Stadtparks anzutreffen. Bei uns am häufigsten zu beobachten ist der Höckerschwan. Diesen Namen hat er wegen seines auffallend großen, schwarzen Stirnhöckers über seinem orangefarbenen Schnabel. Der restliche Körper ist von einem dichten weißen Federkleid bedeckt.

Alle sechs Schwanenarten haben einen langen Hals. Den längsten besitzt der vorwiegend schwarz gefiederte Trauerschwan. Der Höckerschwan hält seinen Hals gerne in s-förmiger Position. So ist er auch auf vielen Wappen adliger Familien abgebildet. Wohl wegen seiner weißen Farbe gilt er als Symbol der Reinheit, Schönheit und Liebe. Mit etwa eineinhalb Metern Größe und über zwei Metern Flügelspannweite ist ein Schwan, der im Wasser schwimmt oder sich über einem See in die Luft erhebt, ein eindrucksvoller Anblick. An Land hingegen ist er mit seinen rund elf Kilogramm Gewicht eher plump.

Generell halte ich wegen ihrer Größe gerne etwas Abstand zu diesen Tieren, denn besonders während der Brutzeit, die im März beginnt, und in den ersten Wochen nach dem Schlüpfen der Küken sind Schwäne nicht ungefährlich. Küken und Jungschwäne sind graubraun gefärbt und tragen anfangs ein sehr flauschiges Federkleid. Die in treuer Partnerschaft lebenden Schwäne sind sehr darauf bedacht, ihr Revier und ihre Nachkommenschaft zu verteidigen. Das gilt gegenüber anderen Schwänen, aber auch, wenn sie sich von Hunden und Menschen bedroht fühlen. Wobei Schwäne nicht aggressiv sind. Vielmehr verteidigen sie „nach vorn". Zudem sendet ein Schwan auch deutliche Signale aus, ehe er tatsächlich mit seinen kräftigen Flügeln zuschlägt oder mit seinem Schnabel hackt. Wenn sich der Schwan aufrichtet und die Flügel ausbreitet, so ist das als Drohgebärde zu verstehen. Zudem kann ein Schwan laut und abschreckend fauchen. Oft vollführen die Vögel auch erst einen Scheinangriff, bevor sie richtig ernst machen.

Schwäne sind jedoch mehr darauf aus, ihren großen Nahrungsbedarf zu decken, als auf andere Tiere oder gar Menschen loszugehen. Während der Mauser fressen ausgewachsene Höckerschwäne bis zu vier Kilogramm an Wasserpflanzen und im Wasser lebenden Kleintieren pro Tag. Um an diese zu gelangen, gründeln Schwäne, indem sie mit Kopf und Hals untertauchen und am Boden des Gewässers mit dem Schnabel nach Futter suchen. Hierbei ist Schwänen ihr langer Hals sehr nützlich, da sie mit seiner Hilfe in Wassertiefen von fast einem Meter nach Nahrung suchen können. Der in weiten Teilen Europas und auch in Asien vorkommende Höckerschwan ist in viele Märchen und Legenden eingegangen. Neben Hans Christian Andersens „Hässlichem Entlein", das sich als schöner Schwan entpuppt, gefällt mir das Märchen vom Schwanenritter am besten. Dieses endet allerdings traurig, da der Ritter seine geliebte Frau in einem von einem Schwan gezogenen Schiff verlassen muss und sie ihn niemals wiedersieht. Der Anblick von Parkschwänen ist uns hingegen sicher, da vor allem Höckerschwäne eine ungefährdete Vogelart sind.

Warum bekommt der Specht ? KEIN KOPFWEH?

Bei längeren Waldspaziergängen kann man immer wieder einmal ein lautes Hämmern hören, ohne dass der entsprechende „Waldarbeiter“ in Sichtweite ist. Viele Wanderer wissen dann: Hier ist ein Specht am Werk. Doch warum bekommen die Vögel keine Kopfschmerzen, obwohl sie mit solcher Kraft tätig sind, dass man sie über eine große Entfernung bei ihrer Arbeit hören kann?

Das hat einen einfachen Grund. Das Gehirn des Spechts ist überaus klein und leicht. Obwohl die Aufprallgeschwindigkeit des Schnabels etwa fünfundzwanzig Kilometer in der Stunde erreicht, spürt der Specht nur ein Drittel oder maximal sechzig Prozent dieser Wucht.

Sein leichtes Gehirn sitzt fester im Kopf und füllt diesen, anders als bei uns Menschen, beinahe komplett aus. Im Gegensatz zu einem Boxsportler bekommt der Specht daher bei einem Schlag keine Kopfschmerzen. Ein Mensch würde bei vergleichbaren Hammerschlägen mit seinem Kopf eine Gehirnerschütterung erleiden. Bei uns würde das Gehirn nämlich mit voller Wucht gegen die Schädelinnenseite schlagen. Außerdem hämmert der Specht immer mit geschlossenen Augen, da diese bei seiner Tätigkeit sonst Schaden nehmen würden. Schließlich klopft der Specht immer in einem Winkel von neunzig Grad auf das Holz ein. Dadurch reduziert sich automatisch die Belastung für seinen Kopf. Der geringfügige Anteil an Kraft, welcher schließlich das Gehirn des Vogels trifft, wird auch in Wärme umgewandelt. Damit der Vogel dennoch keinen zu heißen Kopf bekommt, legt er immer wieder zwischendurch Hämmerpausen ein. Vielleicht liegt es an diesen Pausen, dass ich selbst nicht immer den Verursacher des Klopfens erspähen konnte, auch wenn ich im Wald neugierig seinen Schlägen nachging.

Viel mehr als die Frage nach dem „Wie" interessierte mich dabei bisher die Frage nach dem „Wer". Also wer klopft da gerade? Ich kann anhand der Gefiederfarbe ziemlich leicht den Grünspecht vom Buntspecht unterscheiden. Eine genauere Feststellung, wer da hämmert, kann ich bei den acht weiteren in Deutschland lebenden Spechtarten, darunter beispielsweise der Grau-, Schwarz- und Weißrückenspecht, aber meistens nicht vornehmen.

Bleibt nur noch die Frage nach dem „Warum" zu beantworten. Warum hämmert der Specht? Etwa nur, weil er es kann? Nein, natürlich nicht. Spechte locken durch Hämmern ihre zukünftigen Partner an und markieren akustisch ihr Revier. Zudem suchen sie auf diese Weise nach Futter. Hier kommt ihr Zungenbein ins Spiel. Mit diesem kleinen Knöchelchen kann der Specht seine Zunge so ausfahren, dass sie bedeutend länger als sein Schnabel wird. So gelangt er an die für ihn leckeren Insekten in der Baumrinde. Schließlich baut der Specht auch seinen Nistplatz, indem er seine Höhle in das Holz von Bäumen hämmert, wovon auch andere Vögel profitieren. Der ebenfalls zu den Spechten gehörende Wendehals zum Beispiel nutzt gerne verlassene Spechthöhlen, um selbst darin zu brüten. Man kann also sagen, dass für Spechte alles Kopfsache ist. Wären ihre Häupter und damit auch ihre Gehirne größer, so könnten sie ihrer hammerschwingenden Tätigkeit nicht nachkommen.

JÄGER DER LÜFTE: Greifvögel, Seevögel und Rabenvögel

Welcher Vogel brütet nur auf einer EINZIGEN KLEINEN INSEL?

Drei Hektar mitten im Atlantik, einsam und abgelegen zwischen Afrika und Südamerika, im bekannten Online-Dienst google maps kaum erkennbar: Was vielleicht für manchen Aussteiger nach einer traumhaften neuen Heimat klingt, ist aus der Not heraus der neue und einzige Lebensraum einer Seevogelart geworden.

Der Adlerfregattvogel hat einen langen, gegabelten Schwanz, erreicht eine Flügelspannweite von etwa zwei Metern und wiegt etwas mehr als ein Kilogramm. Da über zehntausend dieser Vögel auf der kleinen Insel Boatswain Bird Island leben, kann es, stelle ich mir vor, gelegentlich eng für die Tiere werden. Zumindest wenn viele der Vögel zur Hauptbrutzeit im Oktober das einzige Ei, das die Weibchen legen, bebrüten. Die übersetzt Bootsmann-Vogel-Insel genannte Landmasse befindet sich kaum mehr als dreihundert Meter nördlich der größeren Insel Ascension, wobei groß leicht übertrieben ist, da auch auf Ascension nicht einmal tausend Menschen leben. Doch die geringe Besiedelung der Insel führte dazu, dass die Adlerfregattvögel wegen der mit den Ein-

wanderern mitkommenden Katzen und Ratten ihren Lebensmittelpunkt Anfang des 19. Jahrhunderts auf die deutlich kleinere Insel verlegten.

Und dort scheinen sie sich wohlzufühlen, wie ihre konstant leicht ansteigende Zahl belegt. Anscheinend können sie genug Fliegende Fische und junge Schildkröten erwischen, die ihre Hauptnahrung bilden. Zudem sind sie gut darin, anderen Seevögeln die Beute abzujagen. Die beinahe schwarzen Männchen fallen optisch durch einen rötlichen Kehlsack auf, den sie, wie für alle Fregattvogelarten typisch, bei der Balz aufblasen können, um die kleineren, dunkelbraun gefiederten Weibchen von sich zu beeindrucken. Jungvögel und Küken ähneln eher den Vogelmüttern, wobei sie aber einen weißen Kopf haben, der sich erst im Laufe des Lebens dunkel färbt. Bei männlichen Adlerfregattvögeln bekommen die dunklen Kopffedern einen grünen Schimmer. Trotz ihrer Anpassung an ihre neu gefundene Heimat gelten diese Seevögel als gefährdet. Vor allem die Fischerei in diesen Gewässern macht ihnen zu schaffen.

Ascension bildet zusammen mit der ebenfalls dünn besiedelten Insel Tristan da Cunha und St. Helena ein unter britischer Souveränität stehendes Inseldreieck. Wenn man so will, sind die Adlerfregattvögel also Briten. Die Engländer haben einst Napoleon Bonaparte nach St. Helena verbannt, wo der ehemalige Herrscher über halb Europa auch verstarb. Heute ist sein einstiges Domizil der Sitz des französischen Konsulats auf St. Helena und kann besichtigt werden. Geschichtsinteressierten Touristen wird es wohl zu weit sein, die etwa eintausenddreihundert Kilometer, die St. Helena und Boatswain Bird Island trennen, zu überwinden, um die Seevögel am Himmel kreisen zu sehen. Dennoch werden die wie Napoleon in ein kleineres „Reich“ verdrängten Adlerfregattvögel hoffentlich noch lange über ihrer kleinen Insel fliegen, da sie wohl an keinem anderen Ort der Welt heimisch werden könnten.

Welche Tiere waren einst so heiß begehrt wie **LUXUSAUTOS**?

Ja, Pferde erfüllten einst die Funktion unserer Autos. Sie waren – als Reitpferde oder vor Wägen gespannt – das Haupttransportmittel im Mittelalter. Zumindest für die Höhergestellten, die sich ein Pferd leisten konnten. Der einfache Bauer und Handwerker musste sich eher mit Eseln oder Ochsen behelfen. Vom Wort Reiter ist auch der Begriff Ritter abgeleitet. Als Ritter wurde derjenige bezeichnet, der es sich leisten konnte, beritten, also als Reiter, in den Krieg zu ziehen. Doch wesentlich kleinere Tiere waren im Mittelalter bei den Adligen noch begehrter als edle Rösser: Jagdfalken. Diese Tiere wurden in vielen literarischen Zeugnissen erwähnt: als Geschenke von Herrschern, als wertvolle Kriegsbeute, Teil von Tributzahlungen und in Liedern der Minnesänger.

Die Falkenjagd zu Pferde, auch Beizjagd genannt, galt den hohen Herrschaften als eine Art edler Sport, den nur ihr Stand betreiben durfte. Schon allein deshalb, da es dem Volk weitgehend untersagt war, auf die Jagd zu gehen. Mit Falken beizte man unter anderem nach Hasen, Kranichen, Reihern, Schwänen, Trappen, Fasanen, Rebhühnern, Enten und Singvögeln.

Doch weniger der große Wert der Jagdausbeute als vielmehr das aufwendige Abrichten der Vögel bestimmte ihren hohen Wert, zumal, wenn man bedenkt, dass auch kleinere Greifvögel wie Sperber abgerichtet wurden. Die Beute dieser etwa nur sechzig bis achtzig Zentimeter Flügelspannweite aufweisenden Vögel ist dementsprechend kleiner. Der Falke wurde darauf trainiert, hoch in der Luft genau über dem Falkner abzuwarten. Bei der Falkenjagd auf Vögel wurden diese von Jagdhunden aufgespürt. Wenn ein aufgeschreckter Beutevogel aufflog, griff der Falke sofort an, ging in einen steilen Sturzflug über, bei dem manche Falken auf Geschwindigkeiten von bis zu zweihundert Stundenkilometern beschleunigen können. Dafür legen sie die Schwingen so eng wie möglich an den Körper, bis sie fast den Erdboden erreicht haben, dann öffnen sie ihre Flügel halb und stürzen sich mit unverminderter Geschwindigkeit in die Flugbahn des verfolgten Vogels. Sie ergreifen, der Falkner spricht hierbei von „schlagen", ihn mit den Klauen in der Luft. So jagen Falkner noch heute. Die Falknerei wurde 2010 zum immateriellen Kulturerbe der Menschheit erklärt. Heute stehen auch andere Vögel zur Verfügung, etwa der Harris Hawk, der vom amerikanischen Kontinent stammende Wüstenbussard. Im Mittelalter waren es vorwiegend Ger-, Lanner- und Wanderfalken sowie Habichte und Sperber, die zur Jagd abgerichtet wurden. Der Stauferkaiser Friedrich der Zweite war ein besonders großer Freund der Falkenjagd und schrieb auch ein Lehrbuch zu dieser „Kunst". Auch bei den adligen Damen galt die Beizjagd als beliebter Zeitvertreib. Bezüglich der Größe der Jagdbeute eignen sich weibliche Jagdvögel besonders, da bei Greifvögeln die Weibchen in der Regel bedeutend größer werden als die Vogelmännchen.

Dementsprechend können sie auch größere Beutetiere erlegen. Die ebenfalls zur Jagd abrichtbaren Steinadler können sogar eine Gams schlagen.

Selbst weniger von diesem Sport angetane Adlige dürften einen hohen Wert auf den Besitz von Jagdfalken gelegt haben, da diese schließlich als Statussymbol galten. Darin ähnelt der Umgang mit Falken im Mittelalter der heutigen Lebensweise so manches Promis. Diese legen sich teilweise auch so viele Luxusautos zu, dass sie überhaupt nicht dazu kommen können, mit jedem regelmäßig zu fahren. Neben Jagdfalken wurden im Mittelalter auch große exotische Tiere von Herrschern und Adligen verschenkt. Karl der Große erhielt im Jahr 802 den Elefanten Abul Abbas von dem Kalifen Harun ar-Raschid zum Geschenk. Der Elefant hatte zuvor die Alpen überquert. Ein Weg, der einem Greifvogel wohl wesentlich leichter gefallen wäre. Zudem wäre ein Jagdfalke das deutlich handlichere Präsent gewesen.

Welchem „FISCHER“ entgleitet kein gefangener Fisch?

Das erste Mal zum Angeln ging ich mit meinem Großvater. Mitgenommen hat er mich wohl eher, um mir eine Freude zu machen, und nicht, weil er sich eine wirkliche Hilfe beim Fangen von Karpfen oder Forellen von mir erhoffte. Zum einen war ich sehr gesprächig, was die Fische vom Beißen und meinen Opa vom Angeln abhielt. Zum anderen hatte ich keine Ahnung, wie man überhaupt richtig angelt. Immerhin konnte ich nach einigen Versuchen die Angel richtig auswerfen. Als ich meinen Großvater erneut begleitete, fing ich mit einer kindgerechten Angel einen etwa handgroßen Fisch. Im Verlauf meiner überschaubaren „Anglerkarriere“ habe ich tatsächlich den ein oder anderen Karpfen aus dem Wasser gezogen.

Im Tierreich gibt es einige deutlich erfolgreichere „Fischer“. Neben dem Seeotter ist der Fischadler sehr gut darin, auch größere „Flossenträger“ aus dem Wasser zu erbeuten. Bei seiner Jagd nach Fischen verschließt er seine Nasenlöcher. Da er bei seinen Fischzügen an Meeresküsten und Seen auch vollständig untertaucht, ist diese Fähigkeit unerlässlich für den Greifvogel. Doch noch mehr als die Art, wie er seine Beute fängt, beeindruckt es mich, wie der Adler einen glitschigen, feuchten und zappelnden Fisch festhalten kann. Er kann die äußere seiner drei Vorderzehen zu seiner vierten Zehe nach hinten klappen – dadurch hält er einen Fisch jeweils zwischen zwei Zehen. Anders als mir, der ich manchen Fisch, der am Angelköder angebissen hatte, wieder entwischen ließ, entgeht ihm so kein Fang.

Die Anpassungsfähigkeit betrifft auch sein dunkelbraunes und weißes Federkleid. Dieses ist dichter als bei anderen Greifvögeln und leicht ölhaltig. So wird das Tier kaum nass und kann die wenigen Wassertropfen, die am Gefieder beim Jagen haften bleiben, bereits im Aufsteigen aus den Federn schütteln. Den Winter verbringen die auch in Deutschland vorkommenden Fischadler überwiegend in Afrika, oft südlich der Sahara. Sie beginnen im August nach Süden zu ziehen und kommen ab Ende März bis Mitte April in ihre Brutgebiete zurück.

Im Müritz-Nationalpark in Mecklenburg-Vorpommern kann man mit etwas Glück die etwa zwei Kilogramm schweren und sechzig Zentimeter großen Fischadler am Himmel kreisen sehen. Mit einer Flügelspannweite von eineinhalb Metern sind sie recht gut von Bussarden und Falken zu unterscheiden, zumal sie hauptsächlich am Wasser zu beobachten sind. Obgleich sie wahre Experten im Fischfang sind, müssen Fischadler viel Zeit für die Jagd aufwenden, die auch einmal misslingen kann. Auch das beste Adlerauge kann sich einmal vertun und ein Fischadler muss, wenn er beim Zupacken feststellt, dass der anvisierte Fisch zu schwer ist, von seinem Fang ablassen. Das geschieht in der Brutzeit zum Leidwesen der drei bis vier Jungvögel, die im Horst auf ihre Fischration vom väterlichen „Lieferservice" warten. Hat der Raubvogel aber einen von Gewicht und Größe passenden Fang gemacht, kann dieser dank seinen „Superkrallen" nicht mehr entwischen und der Vogelvater wird bestimmt wie ein Held vom hungrig rufenden Nachwuchs empfangen.

Welcher große Vogel wurde durch ZOOHALTUNG gerettet?

Ein großer Vogel, der beinahe drei Meter Flügelspannweite besitzt, fliegt am Himmel. Da er so weit oben seine Kreise zieht, kann man seine Ausmaße nur erahnen. Natürlich sind weitere Details nicht zu erkennen. Es macht in jedem Fall großen Eindruck, diesen „Herrn der Lüfte" zu beobachten. Nein, diese Vögel, die man im Südwesten der USA und in Teilen New Mexikos erblicken kann, sind keine Adler. Es handelt sich um Kalifornische Kondore, die tatsächlich nur noch deshalb am Himmel kreisen, weil sie in aufwändigen Zucht- und Schutzprogrammen vor dem Aussterben auf unserem Planeten bewahrt wurden. Nach dem Andenkondor ist der Kalifornische Kondor der zweitgrößte unter den sogenannten Neuweltgeiern. Mit den Geiern Asiens und Europas ist er aber nicht besonders nahe verwandt. Vielmehr wird vermutet, dass seine engsten Verwandten zu den Störchen zählen. Wenn man den großen Vogel im Detail betrachtet, ist dies nur schwer vorstellbar.

Das Tier hat sehr große, tiefschwarze Flügel. Nur ein weißer Fleck an der Unterseite jeder Schwinge und weiße Flügelsäume durchbrechen das Schwarz. So kann man den majestätisch wirkenden Flieger von anderen sehr großen Vögeln am Himmel unterscheiden. Lediglich wegen der Struktur ihrer Flügel und der Platzierung der Federn können sich diese großen Vögel in die Luft erheben. In einer gewissen Flughöhe fangen Kondore thermische Luftströmungen ein, die aufsteigen, wenn die Sonne den Boden erwärmt, und dank riesigen Flügeln können sie stundenlang in der Luft bleiben und durch den Himmel schweben, ohne dabei häufig mit den Schwingen zu schlagen. Nicht genug damit, dass sie Höhen von um die viertausend Metern erreichen können: Auch Geschwindigkeiten von etwa achtzig Stundenkilometern sind für Kondore möglich.

Die im Alter von etwa sieben Jahren erwachsenen, dann rund acht Kilogramm schweren Kondore haben orangerote Köpfe. Bei Jungvögeln sind diese noch dunkel gefärbt, was gut zu erkennen ist, da der Kalifornische Kondor, wie viele andere Geier, am Kopf beinahe vollkommen kahl ist. Hinsichtlich des Gewichts und der Größe übertreffen die Männchen die weiblichen Kondore um etwa ein Zehntel. Der in Südamerika lebende Andenkondor ist noch etwas größer als sein einst sogar über das Gebiet des heutigen New Yorks kreisender Verwandter. Zwar sind beide in ihrem Fortbestand gefährdet, doch der kalifornische Vertreter war noch näher daran, von der Erde zu verschwinden.

Aufgrund von Strommasten und anderen Einflüssen des Menschen auf seine ihm wohl seit der Steinzeit vertraute Heimat verringerte sich der Bestand an Kondoren in den 1970ern rapide. Der Hauptgrund bestand aber darin, dass der sich vorwiegend von Aas ernährende Kondor sich durch das Fressen von durch Jäger erlegten Tieren Bleivergiftungen zuzog. So lebten 1982 nur noch zweiundzwanzig dieser beeindruckenden Vögel. Zum Glück wurden die zweiundzwanzig Kondore damals eingefangen, und in verschiedenen Zoos in den USA konnte sich der Bestand erholen.

Anschließend wurden viele der Vögel wieder ausgewildert. Heute kreisen wieder etwa dreihundert Kondore über einem Schutzgebiet in Mexiko und im Süden der USA. Mit den Kondoren in Tierparks und Zuchtstationen leben etwa fünfhundert Kalifornische Kondore mit guten Zukunftsaussichten.

Aus der Vergangenheit stammt eine Sage der Indianer, wonach der von manchen Stämmen auch „Donnervogel" genannte Kondor durch das Schlagen seiner kräftigen Flügel den Donner bei Gewittern verursache.

Was ist der Unterschied zwischen RABEN UND KRÄHEN ?

Sie sind meist schwarz, häufig am Himmel zu sehen und vielmals kann man ihr Gekrächze weithin vernehmen: Raben. Oder sind es doch Krähen? Diese Vögel voneinander zu unterscheiden, fällt nicht leicht. Erstmals habe ich mich nach deren Unterschieden gefragt, als ich ein Interview mit einem Vogelexperten las. Er äußerte sich ungehalten darüber, dass in vielen Filmen, verfilmten Märchen oder Fantasy-Serien von Raben die Rede sei, wenn eigentlich eine Krähe durchs Bild flöge. Oder umgekehrt. Auch bei den Rufen dieser Vögel hätte er Gleiches festgestellt. Worin also besteht der Unterschied zwischen Krähen und Raben?

Die Raben und Krähen gehören beide zur Familie der Rabenvögel und bilden gemeinsam die Gattung Corvus. Sie gelten als sehr intelligent, da sie zum Beispiel Werkzeuge benutzen können. Mit Stöckchen hat sich schon mancher dieser Vögel Futter aus Spalten geangelt. Gefangene Krähen wurden auch schon beim Verbiegen von Drahtschnur beobachtet, um diese so benutzen zu können. Neben ihrer Intelligenz verbindet die sogenannten Corviden auch ihre weite Verbreitung. Abgesehen von den Polregionen und Südamerika kommen Vertreter der zweiundvierzig Arten weltweit vor.

Dass Krähen und Raben krächzen, ist bekannt. Beide zählen trotz ihres wenig melodischen Klangs zu den Singvögeln. In Deutschland sind vor allem der Kolkrabe, die Saat- und die Aaskrähe verbreitet. Am bekanntesten dürfte der Kolkrabe (*Corvus corax*) mit seinem tiefschwarzen, auffälligen Gefieder sein. Die Größe von bis zu siebenundsechzig Zentimetern und eine Spannweite von bis zu hundertdreißig Zentimetern machen ihn zum größten Singvogel unserer Gefilde. Er hat einen großen, markant gebogenen und ebenfalls tiefschwarzen Schnabel. Oftmals habe ich beobachtet, wie zwei wendige Raben einen zwar viel größeren, aber weniger agil fliegenden Bussard bedrängten und ihn vertrieben. Raben sind nämlich wie Bussarde auf Mäuse und kleinere Tiere als Beute aus, wobei sie auch Aas nicht verschmähen. Genau darauf hat sich die Aaskrähe spezialisiert, die auch Insekten und Beeren frisst. Gleiches gilt für die Nebelkrähe. Sie ist mit einer Spannweite von rund fünfzig Zentimetern die größte Krähe. Neben dem Größenunterschied, also dem Umstand, dass Raben für gewöhnlich deutlich größer sind, lassen sich die Tiere auch an ihrer Schnabelform erkennen. Raben haben einen weniger gebogenen Schnabel. Auch sind Krähen, wie die Nebelkrähe, mit eher grauen Federn unterwegs. Jedoch die eng mit ihr verwandte Rabenkrähe ist so schwarz wie der Kolkrabe. Da diese Vögel recht schnell fliegen, bleibt dann nur noch die Größe als Orientierungspunkt zur Identifizierung. Zumindest ich kann die Schnabelkrümmung bei einem fliegenden Raben oder einer fliegenden Krähe nicht erkennen und daraufhin urteilen, um wen es sich handelt.

Zum Unterscheiden der krächzenden Rufe muss man, habe ich mir sagen lassen, schon Experte auf diesem Gebiet sein. Bei Versuchen mit Onlineaufnahmen der Vogelstimmen bin ich daran gescheitert. Wobei das Krächzen auch nicht lange auszuhalten war. Dennoch sind diese Vögel nicht nur wegen ihrer Intelligenz zu Unrecht meist negativ behaftet, denn so sein wie eine „Rabenmutter" oder aussehen wie eine „Nebelkrähe" möchte schließlich niemand. Immerhin tragen sie als Aasfresser auch dazu bei, dass tote Tiere keine Krankheiten verbreiten.

Einer der wegen ihrer unpräzisen Darstellung kritisierten Filme war die Verfilmung von Ottfried Preußlers „Krabat". Mich bei diesem aber auf die Unterscheidung von Raben und Krähen zu konzentrieren, wird mir nicht gelingen. Ich finde die Handlung zu spannend. Wer wissen möchte, woran ein spezieller Rabe am Ende des Films erkannt wird, sollte ihn anschauen oder das, wie ich finde, noch bessere Buch lesen.

Welcher große GREIFVOGEL jagt am Boden?

Im „Dschungelbuch" des Autors Rudyard Kipling gibt es im – da er nicht von Disney verfilmt wurde – weniger bekannten Abschnitt einen Mungo. Das ist ein kleines Raubtier, welches sich in Kiplings Erzählung heldenhaft gegen Giftschlangen zur Wehr setzt. Der Mungo macht zum Beispiel im asiatischen Raum tatsächlich Jagd auf Giftschlangen, was ihm aufgrund seiner Schnelligkeit gelingt.

Anders als der Mungo wurde der Greifvogel, der sich ebenfalls auf die Jagd von Schlangen spezialisiert hat, der Sekretär, meines Wissens noch nicht literarisch thematisiert. Dieser Raubvogel des südlichen Afrikas jagt ausschließlich am Boden. Er durchschreitet baumarme Steppenregionen und erbeutet Grashüpfer, kleinere Säugetiere, Echsen und eben auch Schlangen. Entweder stößt der Sekretär bei der Jagd mit seinem Schnabel kräftigt zu oder er tritt mehrfach und schnell mit seinem Fuß nach seiner Beute. Da die Trittkraft der ausgewachsenen Vögel etwa dem Fünffachen ihres rund vier Kilogramm betragenden Gewichts entspricht, kann er selbst zwei Meter lange Kobras erlegen.

Mit etwa einem Meter fünfunddreißig werden Sekretäre ziemlich groß. Sie sind schlank gebaut und haben lange, dünne Beine, die an Kraniche erinnern. Auch sonst sehen diese Greifvögel eher untypisch aus. Ihre Federn sind am Hals, Nacken und Bauch grau gefärbt und werden zum Schwanz hin immer dunkler. Das Gefieder am oberen Teil der Beine ist beinahe schwarz. Die Haut um die großen, scharf sehenden Augen herum bis zum Schnabel ist nackt und orange gefärbt. Sein Körperbau ermöglicht es dem Sekretär, sich rasch am Boden fortzubewegen. Ein Mensch würde ein Wettrennen mit dem Vogel verlieren. Auf Nahrungssuche durchwandern die Vögel täglich ein etwa dreißig Kilometer umfassendes Gebiet. Zudem kann er seine Schwingen, mit denen er rund zwei Meter Flügelspannweite erreicht, einsetzen, um sich in die Lüfte zu erheben. Dieses Verhalten legen Sekretäre vorwiegend in der Brutzeit an den Tag, wenn sie über dem selbst erbauten Horst kreisen. Auch zu dessen Bau schwingen sie sich auf, da sie diesen zum Schutz vor Räubern auf einem Baum errichten. Weibliche Sekretäre legen meistens zwei bis drei Eier, aus welchen nach knapp zwei Monaten die Küken schlüpfen. Diese werden noch etwa achtzig Tage von den Vogeleltern umsorgt, ehe sie sich selbst auf die Jagd und auf Partnersuche begeben. Meist überlebt nur ein Jungtier die Zeit, in der die Küken von den Eltern abhängig sind. Nicht nur, da andere Raubvögel und Raubkatzen sich über den Nachwuchs hermachen, wenn sie ihn erwischen können, sondern auch wegen dem Rückgang an geeigneten Jagdgebieten zählt der Sekretär seit Längerem zu den bedrohten Tierarten. Lediglich für Schlangen ist dies eine gute Nachricht.

Ihren Namen verdanken die Vögel übrigens vermutlich den großen, schmückenden Federn an ihrem Hinterkopf. Diese erinnern etwas an Gänsekielfedern, die von Sekretären bei Gericht früher oft in ihre Perücken gesteckt wurden. Dem gleichnamigen Schreibpult ähnelt der Vogel jedenfalls nicht.

Welche kleineren Vögel greifen sogar MENSCHEN an?

Da mir Greifvögel sehr gefallen, habe ich mir bereits einige Falknervorführungen angeschaut. Dabei wurde schon mehrfach die Warnung ausgesprochen, dass manche der Raubvögel dazu neigen würden, sich auf die Köpfe von Zuschauerinnen mit üppigen Locken zu setzen. In diesem Fall solle sich die Person ruhig verhalten, da keinerlei Gefahr bestünde. Lediglich die Frisur könne etwas leiden. Vielleicht fühlen sich Falken und ähnliche Vögel durch die Lockenpracht an ihren Horst erinnert. Jedenfalls habe ich dieses Verhalten leider noch nie live bei einer Show erlebt.

Ein etwas kleinerer Vogel, der sich zum Teil ganz ähnlich wie Falken und Adler verhält, ist für Menschen durchaus gefährlicher. Die Skuas sind Raubmöwen, welche nicht vor Menschen zurückschrecken und bei aggressiven Attacken auch ihre Krallen gebrauchen.

Diese eineinhalb Kilogramm schweren Raubmöwen fressen hauptsächlich Fische, wobei sie sich darauf spezialisiert haben, anderen Vögeln, vor allem kleineren Möwen und Basstölpeln, einen gefangenen Fisch abzujagen. Dafür spielen sie ihr schnelles Flugtempo und ihre Wendigkeit voll aus. Darüber hinaus stürzen sie sich auf kleinere Pinguine, die sie auf ähnliche Weise erbeuten wie ein Greifvogel, wenn er einen Hasen fängt. Zudem fressen Skuas Eier und Aas.

Besonders während der Brutzeit von Ende April bis in den Juli hinein sind Skuas auch Menschen gegenüber sehr aggressiv. Ihre wichtigsten Brutgebiete sind in Großbritannien und Island, aber auch im Norden Skandinaviens, in Russland und auf den Färöer-Inseln bauen diese großen

Raubmöwen ihre Nester. Da sie in den Nord- und Südatlantikregionen überwintern, kann man Skuas nur selten an deutschen Küsten erspähen. Lediglich bei ihren weiten Flügen, die sie unter anderem auch an die Küsten Brasiliens führen, machen sie gelegentlich Stopp bei uns. Wer die dunkel- und hellbraunen Vögel, die auch ein paar weiße Flecken auf den Flügeln tragen, in ihrem Lebensraum beobachten möchte, sollte dies außerhalb der Brutzeiten machen. Bei Angriffen der Vögel wird empfohlen, die Hände nach oben zu strecken. Wie alle Raubmöwen attackieren sie nämlich den höchsten Punkt. Erhobene Hände halten sie von Angriffen ab, und im Zweifelsfall sind die Arme weniger empfindlich als der Kopf. Wobei die zum Glück doch relativ kleinen Vögel auch hier keine allzu drastischen Verletzungen verursachen.

Da Skuas ihre Nester in flachen Bodenmulden bauen, kann man diese oftmals erst erkennen, wenn man beinahe vor diesen steht. Die Nester allerdings enthalten einen Anblick, der mir die Vögel etwas sympathischer macht: Nach ungefähr einmonatiger Brutzeit schlüpfen flauschige Vogelküken aus den beiden Eiern, die ein Vogelweibchen etwa ab einem Alter von fünf Jahren legen kann. Und das ist ja eigentlich das Ziel der Skuas: Die kommende Generation soll nach etwa 48 wohlbehüteten Tagen flügge werden und sich zu einem über dreißig Jahre währenden Leben aufschwingen.

UNTERWEGS IN KÜHLEN FLUTEN:

Fische und andere Wasserbewohner

Welche in Flüssen lebenden Säugetiere können RÜCKWÄRTS SCHWIMMEND jagen?

?

Delfine zählen wohl mit zu den beim Menschen beliebtesten Meeresbewohnern überhaupt. Dazu haben unter anderem Delfinshows und vor allem Filme wie „Flipper" beigetragen. Doch nicht alle Delfine, von denen der „Große Tümmler" der bekannteste sein dürfte, leben im Meer. Der Amazonas-Flussdelfin ist in Flüssen des südamerikanischen Regenwaldes, fernab vom Ozean, beheimatet. So wie alle Delfine ist er ein ausgezeichneter Schwimmer und jagt vorwiegend Fische. Dabei kommt dem bis zu drei Meter langen und damit zu den größten Flussdelfinen gehörenden Amazonas-Flussdelfin zugute, dass er, anders als die Delfine der Ozeane, sogar rückwärts schwimmen und so nach Beute jagen kann. Das hilft ihm bei der Nahrungssuche in überfluteten Flussgebieten mit dichtem Pflanzenbewuchs. Darum und weil sie als einzige Delfinart Zähne besitzen, die unseren Backenzähnen ähnlich sind, können sie über vierzig Arten von Fischen sowie Garnelen, Krabben und sogar Schildkröten, deren Panzer sie gekonnt aufknacken, vertilgen. Diese Vielseitigkeit haben die Delfine auch nötig, um ihr Gewicht, das bei den größeren Männchen etwa einhundertachtzig Kilogramm betragen kann, zu halten. Der übrige Körperbau der auch Botos genannten Delfine ist an ihre Umwelt bestens angepasst.

Botos sind sehr agil und können dank beweglicher Halswirbel ihren Kopf in alle Richtungen drehen. Zudem können sie ihre großen, paddelförmigen Brustflossen einzeln bewegen. Mit ihren kleinen Augen können sie unter Wasser zwar einiges erkennen, doch noch dienlicher ist ihre Echolotpeilung dank der sie Gegenständen im Wasser ausweichen und ihre Beute erwischen können. Dabei helfen ihnen auch die gut sichtbaren Tasthaare vorn an ihrer langen, dünnen Schnauze. Neben dem namensgebenden Amazonas schwimmen diese zu den Zahnwalen gehörenden Säuger auch im Orinoko und in einigen Seen Südamerikas. Nach nicht ganz zwölf Monaten Tragezeit bringt ein trächtiges Delfinweibchen einen Babydelfin zur Welt. Dieser misst etwa achtzig Zentimeter und ist dunkelgrau gefärbt. Erwachsene Amazonas-Flussdelfine haben hingegen eine eher rosafarbene Haut, die vor allem bei den Männchen noch ausgeprägter in dieser Farbe leuchtet. Auch aufgrund ihres etwas beengten Lebensraumes treten diese Delfine eher einzelgängerisch oder in kleinen Gruppen von drei bis vier Tieren auf. Selten wurden auch größere Gruppen von etwa zwanzig bis vierzig Botos beobachtet.

Narben, welche die Männchen aus Kämpfen mit ihren Rivalen davontragen, kommen bei weiblichen Amazonasdelfinen gut an. Außergewöhnlich am Verhalten der Männchen ist, dass sie ab und an versuchen, weibliche Artgenossen mit „Kunststücken" zu beeindrucken. Dafür nehmen sie eine schwimmende Pflanze oder ein Stück Holz mit dem Mund auf, drehen es im Kreis und schlagen mit dem Objekt auf das Wasser. Somit sind sie neben Affen die einzigen Säugetiere, von denen bekannt ist, dass sie Gegenstände zur Schau tragen. In Legenden der Einheimischen treten die Delfinmännchen sogar als Verführer junger Mädchen auf.

Leider sind diese Delfine in ihrem Fortbestand gefährdet, was unter anderem an schädlichem Quecksilber, das durch den Abbau von Gold in die Flüsse gerät, liegt. Hoffentlich zeigen die eingeleiteten Schutzmaßnahmen schnell große Wirkung, denn für mich ist dieser Delfin „goldiger" als aller Schmuck.

Welcher Fisch hat GRÜNE GRÄTEN?

Grün ist meine Lieblingsfarbe. Das saftig grüne Laub der Bäume im Frühjahr, die leuchtend grünen Rosenkäfer oder auch manche Kakteen betrachte ich sehr gerne. Wenn es ums Wasser geht, fallen mir zum Thema „grün" die Algen im Aquarium meines Bruders ein. Bei längerem Vergessen des Putzens und Wasserwechselns hatten diese eine wahrnehmbare Wirkung auf die Klarheit beziehungsweise eher Trübheit des Wassers.

Auch grüne Tiere, die im Wasser leben, zu benennen fällt nicht sehr schwer. Etwa Krokodile und Frösche sind hierfür typisch. Bei grünen Fischen wird es schon kniffliger: Der grüne Neonfisch wäre zum Beispiel ein Vertreter, der auch gerne in Aquarien gehalten wird.

Doch ein Fisch mit grünen Gräten? Was zunächst seltsam klingt, gibt es jedoch tatsächlich. Es ist der Europäische Hornhecht. Der auch „Grünknochen" genannte Raubfisch mit seinem markanten spitzen Maul ist im Mittelmeer sowie in der Nordsee und der Ostsee heimisch. Im Mai zieht er in Küstengebiete der Ostsee, wo er als saisonale

Delikatesse gilt. Seine blau-grün gefärbten Gräten gehen auf das Farbpigment Biliverdin, ein grünes Abbauprodukt des roten Blutfarbstoffes Hämoglobin, zurück. Es entsteht auch im menschlichen Körper, wenn dieser Hämoglobin entsorgen will und es dazu zerlegt. Das geschieht vor allem in der Leber. Warum der Hornhecht allerdings grüne Gräten hat, ist bisher vollkommen unklar. Dass das leuchtende Grün Feinde abschrecken soll, erscheint eher unwahrscheinlich – es ist erst zu sehen, wenn der Fisch bereits schwer verwundet wurde, was für Fressfeinde überhaupt nicht so einfach ist, da der aalähnlich aussehende Schwimmer in sehr schnellem Tempo unterwegs ist. Der etwa siebzig Zentimeter lange Fisch kann mit rund sechzig Kilometern in der Stunde durchs Wasser schnellen. So jagt er junge Heringe, Sardinen und Sardellen, die knapp unter der Meeresoberfläche schwimmen. Mit seinem pinzettenartigen „Schnabel" fängt er diese und schluckt sie anschließend ganz hinunter. An seinem Maul ist auffallend, dass der Oberkiefer deutlich länger ist als der Unterkiefer. Darin gleicht der Europäische Hornhecht, der einer der größten Vertreter der Familie der Hornhechte ist, dem Hecht, mit dem er ansonsten nicht eng verwandt ist.

Weltweit haben nur ganz wenige Fische blau-grüne Gräten; neben dem Europäischen Hornhecht sind dies auch einige Thunfischarten. Es ist gut möglich, dass die grüne Farbe der Gräten des Hornhechts nur durch eine Laune der Natur entstanden ist. Auch wenn die grünen Gräten es für Fischesser leichter machen sollen, den Fisch gefahr-, sprich grätenlos zu verzehren, kann ich mich an den Gedanken eines Fisches mit solchen nicht unbedingt gewöhnen. Der wissenschaftliche Name der Hornhechte, *Belonidae*, bedeutet übrigens „Geschoss" oder „Pfeil". Als geborener Stuttgarter muss ich bei Pfeil direkt an das mit der Stadt eng verknüpfte Auto, den „Silberpfeil" von Mercedes, denken. Der mit zahlreichen kleinen silbernen Schuppen umherschnellende Hornhecht kann ganz ähnlich schnell unterwegs sein wie der legendäre Rennwagen.

Warum pupsen **HERINGE** so oft?

In meinem Germanistikstudium habe ich so einiges über Sprache und Kommunikation gelernt. So soll im Mittelalter das Rülpsen und sogar das Pupsen beim Essen als unbedenklich beziehungsweise als Lob an den Koch verstanden worden sein. Zumindest soll es Lockerheit in einer Tischrunde unter Freunden ausgedrückt haben. Also kann Pupsen durchaus als Mittel zur Kommunikation fungieren. Doch weitaus ausgeprägter als es dies im Mittelalter war, ist diese Kommunikationsweise bei Heringen. Tatsächlich können sich diese Fische über Pupsen verständigen. Zur Erzeugung der von ihnen gewünschten Geräusche drücken Heringe Luft aus ihrer Schwimmblase durch den Darmausgang. Sie können den Vorgang also bewusst steuern. Ein Pups eines Herings kann etwa fünf Sekunden dauern. Zudem können sich die Schwarmfische in unterschiedlichen Tonlagen, über drei Oktaven hinweg, äußern. Warum die Fische ausgerechnet diese Art der Verständigung nutzen, ist mir nicht klar. Immerhin riechen die Pupse von Heringen nicht. Wenn allerdings Bläschen an der Meeresoberfläche zu sehen sind, könnte dies auf eine Plauderei unter Heringen hinweisen. Jedoch scheint das Pupsen wirklich einen weitaus wichtigeren Zweck zu erfüllen als den Smalltalk unter Fischen zu ermöglichen.

Da das Mittelungsbedürfnis zunimmt, je größer ein Heringsschwarm ist, scheint es ihrer Abstimmung in der Gemeinschaft zu dienen. Hierzu passt es gut, dass Heringsschwärme in der Nacht vermehrt pupsen. Im Dunkeln ist eben mehr Absprache nötig, damit der Schwarm zusammen seinen „Kurs hält". Ein einzelner Hering, der seinen Schwarm verliert, gerät oftmals in Panik und verliert die Orientierung. Hierin sind uns die Fische doch durchaus ähnlich. Besonders, wenn man an einem unbekannten Ort ist, zudem bei Dunkelheit, fragt man doch gerne nach dem Weg. Sehr ungünstig ist es, wenn niemand da ist, der weiterhelfen kann.

Vielleicht warnen sich die mit einem guten Gehör ausgestatteten Heringe auch gegenseitig, wenn Räuber in der Nähe sind. Wale, Robben und Thunfische machen sich gerne über Heringe her, wobei sie die Geräusche, die ihre Beute verursacht, wohl kaum interessieren dürften. Wer Matjesfilets, Rollmops oder Sauren Hering gerne isst, kann da den tierischen Heringsjägern bestimmt zustimmen.

Neben dem Atlantischen Hering und dem Pazifischen Hering gehört auch die Sardine zu den über fünfzig Heringsarten. Statt Ölsardinen aus der Dose bevorzuge ich die zugegeben nicht aus dem Meer stammenden Salzigen Heringe aus Lakritze. Über Geschmack lässt sich schließlich streiten, oder?

Schon im Mittelalter war der eingelegte Hering übrigens so beliebt, dass er als Im- und Exportschlager den Hanseschiffern zu ihrem wirtschaftlichen Aufschwung verhalf. Vielleicht ist es kein Zufall, dass der Rückgang ihres Heringshandels mit dem Niedergang der Hanse ab dem 15. Jahrhundert zeitlich zusammenfällt. Zum Zerfall der Hanse soll auch die Uneinigkeit und nicht zuletzt die mangelnde Kommunikation und Abstimmung unter den einzelnen Städten der Handelsvereinigung geführt haben. Tja, nicht jeder kann so gut kommunizieren wie die pupsenden Heringe ...

Welcher Meeresbewohner kann seine FARBE SCHNELLER WECHSELN als ein Chamäleon?

Der Krake oder auch Oktopus, was im Griechischen „achtfüßig“ oder „Achtfüßer“ bedeutet, zählt nicht gerade zu meinen Lieblingstieren. Das liegt wohl an seinen acht Tentakelarmen, die mich ein bisschen anekeln. Das teilt er sich mit den ebenfalls achtbeinigen Spinnen. Ich bin zwar weder ein „Arachnophobiker“ noch ein „Oktophobiker“, aber nun ja ...

Damit tue ich den Oktopussen wohl unrecht, denn diese Meeresbewohner sind sehr faszinierende Geschöpfe. Die knochenlosen Weichtiere sind extrem beweglich. Auch gelten sie als überaus intelligent. Das wird allein anhand der meisterlichen Koordination ihrer acht Arme deutlich. Mit denen können die größten Kraken etwa einen Umkreis von neuneinhalb Metern abtasten, wobei sie – ähnlich wie wir Menschen – einen Arm oder auch mehrere bevorzugen. Ich bin Rechtshänder, doch was ist ein Krake? „Vorne-Links-Füßer“?

Das für mich Faszinierendste an den Tieren: Durch das Protein Opsin in ihrer Haut sind die Oktopusse besonders lichtempfindlich. Zur Tarnung können sie ihre Färbung an das Licht und das Erscheinungsbild ihrer Umwelt anpassen. Dies geschieht in Sekundenschnelle. Ein Oktopus kann über hundertfünfzigmal in der Minute die Farbe wechseln.

Nicht nur zur Tarnung, sondern auch zur Kommunikation und zum Ausdrücken von Emotionen wechseln die bis zu etwa zweihundertfünfzig Kilogramm schweren Meerestiere ihre Farbe. Auch hierin sind sie uns ähnlicher als gedacht, da wir zum Beispiel Trauer durch das Anlegen schwarzer Kleidung signalisieren. Besonders – aber nicht nur – Frauen wird jedoch nachgesagt, dass sie zur Wahl des Outfits gefühlte Ewigkeiten brauchen. Dass Kraken hingegen extrem schnell ihre Farbe anpassen können, liegt an ihren vom Gehirn stimulierten kleinen Muskeln, die sich zusammenziehen. Dabei ziehen sich auch Pigmentzellen oben auf der Haut zusammen oder weiten sich, wodurch sich deren Farbe und Muster ändert.

Das Gerücht, dass Kraken herzlose Tiere wären, stimmt nicht. Im Gegenteil: Kraken haben drei Herzen. Zwei davon nehmen Sauerstoff auf und leiten diesen an das Zentralherz weiter. Zudem sind Kraken wirklich blaublütig, da Kupfer im Blut für den Sauerstofftransport zuständig ist. Bei uns Menschen hingegen ist dies – selbst bei Angehörigen des Adels – Eisen.

Auch ihre Hingabe an den Nachwuchs ist beachtlich: Krakenmütter bewachen ihre Jungen so intensiv, dass sie dabei auf die Nahrungsaufnahme verzichten und nach wochenlanger Aufopferung verhungern. Deshalb wachsen die kleinen Oktopusse dann ohne elterlichen Schutz heran. Da ist es gut, dass sie so hervorragend getarnt sind. Denn sie haben etliche Fressfeinde wie Wale, Seehunde, Haie, Meeresschildkröten und Pinguine.

Zumindest wenn ich unentschlossen vor meinem überschaubaren Kleiderschrank stehe, würde ich gerne mit einem Oktopus tauschen, um im Nu dem Anlass entsprechend gekleidet zu sein. Doch bei einem Blick in den Spiegel komme ich von dieser Ansicht schnell wieder ab: Ich möchte keine Haut haben, die sich meiner Tapete entsprechend gelb färbt.

Welche Tiere bestehen fast ausschließlich AUS WASSER?

Im Mittelalter galt einst die Faustregel, dass pures Wasser krank mache und dass Bier, auch der Gesundheit wegen, vorzuziehen sei. Was heute nach einer Ausrede für Alkoholkonsum klingt, entsprach tatsächlich der Realität, denn das Wasser war meist nicht besonders sauber. Bier war deutlich bekömmlicher, da beim Brauvorgang das Wasser abgekocht wurde und die Bakterien abstarben. Bier galt daher schon für kleine Kinder als eine Art „flüssiges Grundnahrungsmittel“. Das Bier damals lässt sich aber nicht mit unserem heutigen „Gerstensaft“ vergleichen. Es handelte sich vielmehr um eine Art Brei oder Suppe, die auch nur einen minimalen Alkoholanteil enthielt.

Ein Tier, das sich überhaupt nicht an diese Regel hält, ist die Qualle. Wie fast alle Meeresbewohner nimmt sie dauernd Wasser in sich auf und gibt dieses anschließend wieder ans Meer ab. Ihr Körper besteht zu etwa neunundneunzig Prozent aus Wasser, da er von lediglich zwei hauchdünnen Zellschichten, einer inneren und einer äußeren, gebildet wird. Zwischen diesen liegt eine Gallertmasse als Stützschicht, die gleichzeitig ein Sauerstoffreservoir ist: Über dieses versorgt die Qualle ihren Körper mit Sauerstoff.

Trotz ihres hohen Wassergehalts sind die Tiere kerngesund und können sich – anders als einige andere im Ozean lebende Vertreter der Wirbellosen, wie etwa Schwämme – selbstständig fortbewegen. Indem sie ihren wässrigen Körper zusammenziehen und wieder entspannen, gelangen Quallen vorwärts. So können sie sich mit Hilfe ihrer Tentakel auf Beutefang machen. Die mit hochexplosiven Nesselkapseln versehenen Tentakel reagieren blitzschnell auf Bewegungen der Beute und betäuben oder töten diese. Die toxischen Kapseln wirken dabei wie Giftharpunen: Bei Berührung schießt eine winzige Injektionsnadel in die Haut des Opfers. In diese Stichwunde dringt dann der Nesselschlauch mit dem Gift. So kann eine Qualle Krebse, kleine Fische, Ringelwürmer und andere kleine Meerestiere in Sekundenschnelle erbeuten. Anschließend führt sie die nun bewegungsunfähige Beute mit den Tentakeln über ihre Öffnung zum Magen und verdaut sie. Quallen, die auch Medusen genannt werden, zählen zu den giftigsten Tieren überhaupt. Manche Arten der Feuerquallen können bei Berührung auch für Menschen gefährlich oder zumindest schmerzhaft werden. Da diese auch bei uns vorkommen, hatte ich immer Respekt, wenn ich eine Qualle bei meinem Urlaub in der Rügener Bucht vor mir im Wasser treiben sah. Obwohl Quallen weder ein Gehirn noch ein Herz oder Blut besitzen, haben sie jeden Lebensraum unter Wasser erobert. In der Antarktis, in den Tropen, in der Tiefsee und im Süßwasser können sie leben. Ihr Erscheinungsbild ist beinahe so breit gefächert wie ihr Lebensraum.

Während die kleinsten Quallen nur ein „Schirmchen“ mit einem halben Millimeter Durchmesser haben, werden die

um Japan auftretenden Nomura-Quallen etwa zwei Meter groß und bringen dabei bis zu zweihundert Kilogramm auf die Waage. Die Tentakel mancher Quallenarten erreichen sogar über dreißig Meter Länge. Zu neunundneunzig Prozent aus Wasser zu bestehen hat noch einen weiteren Vorteil: Sie können nahezu in jeder Wassertiefe schwimmen, da sie wegen ihres hohen Wassergehaltes nicht absinken. Obwohl die Tiere Verletzungen und sogar abgetrennte Tentakel regenerieren können, sind sie nicht unsterblich. Die meisten sterben bereits kurze Zeit nach ihrer Vermehrung.

Quallen unter Wasser zu beobachten oder ihnen über Videos bei ihren anmutigen, an Tänze erinnernden Tauchgängen zuzuschauen, ist ein entspannendes Vergnügen. So kann ich mir fernab des Meeres dieses Feeling ins Wohnzimmer holen.

Welcher Fisch lebt nur am TROCKENSTEN PLATZ der Welt? ?

Das Death Valley in Kalifornien ist nicht nur ein über zwölftausend Quadratkilometer großer Nationalpark, es ist zugleich die heißeste und trockenste Wüste der Welt. Die Sommertemperaturen steigen auf bis zu fünfzig Grad Celsius. Der niedrigste Punkt liegt beinahe sechsundachtzig Meter unter dem Meeresspiegel. Damit ist das Death Valley auch die am tiefsten gelegene Wüste der Erde. Das sind schon sehr verblüffende Superlative, die Millionen von Touristen alljährlich in dieses berüchtigte Gebiet locken. Seinen beinahe legendären Namen hat das Death Valley von Gold-

suchern erhalten, die es in diese Einöde verschlug. Von der in Nevada verlaufenden Grenze des Death Valleys aus kann man das Ash-Meadows-Naturschutzgebiet sehen. In diesem Gebiet herrschen ganz ähnliche Bedingungen wie im Death Valley. Zudem ist Ash Meadows, was sich auf Deutsch mit „Asche-Wiesen“ übersetzen lässt, die Heimat einer Fischart, die nur in dieser so vermeintlich lebensfeindlichen Ödnis vorkommt: der Teufelskärpfling. Dieser zwei bis dreieinhalb Zentimeter kleine, blau geschuppte Fisch lebt in einem gut fünfzig Kubikmeter großen Sandsteinbecken. Dieses befindet sich direkt über einer Warmwasserquelle, die „Teufelsloch“ genannt wird und fünfzehn Meter unter der Erde liegt. Aufgrund seiner Lage herrschen im Becken der Teufelskärpflinge Wassertemperaturen von über dreißig Grad Celsius.

Wie und wann genau die Fische aus der Gattung der Wüstenkärpflinge an diesen besonderen Ort gelangten, ist noch immer unklar. Vor etwa zehntausend Jahren wurde das Death Valley letztmals von Wassermassen überflutet. Daher glaubten Forscher, dass die Teufelskärpflinge in dieser Zeit in ihren heutigen Lebensraum gelangten. In jener Zeit wurde das Tal auch zur Heimat anderer Arten von Kärpflingen und weiterer Fische. Doch das dreiundneunzig Quadratkilometer große Gebiet von Ash Meadows ist einige Kilometer vom Death Valley entfernt, und wie neuere Forschungen ergaben, gelangten die Teufelskärpflinge wohl erst vor etwa achthundert Jahren an diesen Ort. Deshalb stellt sich bis heute die Frage, wie genau sie dort hingelangen konnten? Fest steht, dass in Ash Meadows noch über zwanzig weitere Tier- und Pflanzenarten vorkommen, die nur an diesem Ort anzutreffen sind.

Der Teufelskärpfling ist jedoch der rätselhafteste dieser endemischen Bewohner. Wie konnte ein Fisch mehrere Kilometer durch die Wüste gelangen? Mutmaßungen legen nahe, dass er bei den stärksten Regenfällen, die je im Death Valley verzeichnet wurden, die Strecke überwinden konnte.

Diese ereigneten sich 1892. Demnach wäre der kleine Fisch doch erst seit gut einhundertdreißig Jahren so isoliert. Doch warum blieben keine Teufelskärpflinge an ihrem Ursprungsort? Weshalb gibt es nur eine Population? Ist die andere unbemerkt ausgestorben? Theorien, wonach ein Vogel den Fisch in sein Reservoir „verschleppte", werden in Erwägung gezogen. Doch wozu? Hat er einen Stopp am Becken in Ash Meadows eingelegt und sein „Essen to fly" verloren? Oder unbemerkt Laich im Gefieder hängen gehabt, der im Becken zurückblieb? Das klingt alles ziemlich unwahrscheinlich. Der Name Teufelskärpfling trifft angesichts dieser „Logistikfrage" jedoch noch mehr zu, da der Fisch den Wissenschaftlern ja bis heute ein „teuflisch schweres" Rätsel aufgibt.

Bis zum heutigen Tag jedenfalls ist der Teufelskärpfling besonders bedroht. Seit 1952 steht er deshalb unter Naturschutz. Dennoch waren im Jahr 2005 nur noch vierundachtzig Exemplare am Leben. Der Bestand der Tiere hat sich seitdem auf etwas über hundert Fische erholt. Hierzu trägt der günstige Umstand bei, dass die Tiere zu jeder Jahreszeit ablaichen können. Ein Versuch, den Teufelskärpfling in menschlicher Obhut zu züchten, ist fehlgeschlagen. Aufgrund der geringen Anzahl an Tieren wurden weitere Versuche seitdem nicht mehr unternommen, um den ohnehin schon geringen Bestand nicht zu gefährden.

Der Teufelskärpfling ernährt sich hauptsächlich von Algen. Daher ist der Bestand an Algen in seinem „Schwimmbecken" auch hauptverantwortlich dafür, ob es besonders wenige oder besonders viele dieser verblüffenden Fische gibt. Seit den Zählungen am Ende der 1960er-Jahre haben nie über achthundert Kärpflinge gleichzeitig gelebt.

Der Sänger Max Giesinger sang in seinem Song „80 Millionen" darüber, wie schwer es ist, unter all den Menschen in Deutschland den richtigen Partner oder die richtige Partnerin zu finden. Dieses Auswahlproblem haben Teufelskärpflinge jedenfalls nicht. Es bleibt zu hoffen, dass dieser Umstand dazu beiträgt, dass die Fische auch in Zukunft genug Nachwuchs haben und weiterhin nahe des Death Valleys durch ihr „beheiztes Becken" schwimmen.

ZU LANDE, ZU WASSER UND IN DER LUFT: Insekten, Amphibien und Reptilien

Welche Reptilien können ÜBERS WASSER LAUFEN?

Ein Insekt, das sich oft an Teichen und Bächen beobachten lässt, ist der Wasserläufer. Diese Tiere gehören zu den Wanzen, was man anhand ihrer sprunghaften Bewegungen erahnen kann. Wie ihr Name verrät, können sie auf dem Wasser laufen. Hierfür machen sie sich die Oberflächenspannung des Wassers zunutze. Zudem haben sie krumme Beine, an denen viele winzig kleine Härchen wachsen. Dies und auch ihr niedriges Gewicht hilft ihnen dabei, nicht im Wasser einzusinken. Mit etwa zwei Zentimetern Länge sind Wasserläufer regelrechte Winzlinge, wenn man sie mit einem Reptil vergleicht, das ebenfalls und sogar schneller als sie übers Wasser laufen kann.

Nein, das Krokodil kann glücklicherweise nicht übers Wasser sprinten. Das wäre auch eine ziemlich monströse Vorstellung. Auch keine Schlange kann übers Wasser laufen oder vielmehr schlängeln, wenn auch einige von ihnen schwimmen können. Doch mit der Schlange kommen wir der Lösung schon nahe, denn die riesige Schlange aus dem Film „Harry Potter und die Kammer des Schreckens“ dürfte wohl der bekannteste „Vertreter“ des Basilisken sein. Und um den Basilisken geht es hier.

Der reale Basilisk ist mit etwa achtzig Zentimetern Länge, wovon der Schwanz des Tieres über die Hälfte ausmacht, zumindest nicht von monströsen Ausmaßen. Der Helmbasilisk ist mit etwa einem halben Kilogramm der schwerste unter den Basilisken. Die in Süd- und Mittelamerika lebenden Basilisken gehören zu den Leguanen, doch anders als etwa der Grüne Leguan ernähren sich Helmbasilisken, Streifenbasilisken, Ecuadorbasilisken und Stirnlappenbasilisken nicht nur von vegetarischer Kost. Neben Beeren vertilgen sie auch Insekten, kleine Fische, Frösche und Schnecken. Dabei können sie auch über das Wasser laufen, was ihnen wegen dieser bemerkenswerten Fähigkeit auch den Beinamen Jesus-Christus-Echsen eingebracht hat. Ihre besondere Methode der Fortbewegung dient ihnen nicht zur Jagd, sondern vorwiegend dazu, nicht selbst gefressen zu werden.

Da Schlangen, wie erwähnt, nicht übers Wasser kriechen und meist nicht schnell genug schwimmen können, kann ein Basilisk seinem züngelnden Widersacher entgehen, indem er sich aufs Wasser flüchtet. Er sprintet mit zehn bis zwölf Kilometern pro Stunde einige Meter auf dem Wasser, um sich einen Vorsprung zu sichern. Dann geht das gewandte Tier meist dazu über, sich schwimmend fortzubewegen. Gut, wenn man solch ein Multitalent ist. Übers Wasser rennen kann ein Basilisk dank seiner besonderen aufrechten Lauftechnik. Je schneller etwas auf der Wasseroberfläche auftrifft, umso fester wird diese als Untergrund. Schlägt ein Fuß auf dem Wasser auf, bildet sich eine Luftblase, die für Auftrieb sorgt und das Tier vorwärtstreibt. Dies wird durch besondere Hautlappen an den Hinterfüßen begünstigt. Ist der Fuß dann unter Wasser, wird er in einer rudernden Bewegung kraftvoll nach hinten gestoßen, was der Echse zusätzlichen Schub gibt. Gleichzeitig muss sie auf ihre Balance achten. Dafür sorgen seitlich wirkende Kräfte, die den Körper beim Laufen stabilisieren, und der Schwanz, mit dem ein Basilisk sein Gleichgewicht halten kann. Nach etwa zehn Metern „versinkt“ das Tier aber doch im Wasser. Auch jetzt kann die Echse wählen, wie sie weiter vorwärts gelangen möchte: Außer sich schwimmend ans Ufer zu begeben kann sie auch bis zu einer halben Stunde am Stück tauchen.

Basilisken leben vorwiegend auf Urwaldbäumen, die nahe bei einem Gewässer stehen. Das Laufen übers Wasser kann als „Notfallmodus“ bezeichnet werden. Abtauchen hilft Basilisken bei Verfolgern aus der Luft. So müssen Raubvögel und Schlangen oftmals leer ausgehen. Mit diesen fast schon magischen Eigenschaften würde auch der reale Basilisk in die Welt von „Harry Potter“ passen.

? Können **BLINDSCHLEICHEN** tatsächlich schlecht sehen?

Für alle, die wie ich nicht gerade begeistert von Schlangen sind, sei gleich einmal vorneweg gesagt: Die Blindschleiche zählt nicht zu den Schlangen, sondern zu den Echsen. Das ist mir schon länger bekannt. Es nutzt mir bei der Begegnung mit einer dieser sich schlängelnden Echsen bei der Gartenarbeit aber wenig. Trotz meines Wissens erschrecke ich mich jedes Mal bei der Sichtung des Tieres.

Doch nicht genug damit, dass die Blindschleiche leicht für eine Schlange gehalten werden kann, auch ihr Name ist irreführend. Das bis zu einem halben Meter lang werdende Reptil kann zwar keine Farben erkennen, sieht aber dennoch ziemlich gut. Zudem besitzt es Augenlider und kann seine Augen somit verschließen. Das ist ein weiterer Unterschied zu den Schlangen. Bei ihrer Jagd auf Regenwürmer, Schnecken und Insekten kann sich die Blindschleiche auf ihr Gehör und ihren guten Geruchsinn verlassen und die Augen durchaus zumachen.

Der Name Blindschleiche bezieht sich auch ursprünglich nicht auf die Sehfähigkeit des früher auch Hartwurm genannten Tieres. Vielmehr soll das Tier wegen seiner glän-

zenden Schuppenhaut „Blendende Schleiche" genannt worden sein. Daraus entwickelte sich die heutige Bezeichnung „Blindschleiche". Sehr zum Leidwesen des Tieres ist es mit dem „Blenden" aber nicht so weit her: Igel, Iltis, Dachs und Bussard freuen sich durchaus, wenn sie eine Blindschleiche erspähen und erwischen können.

Da die glänzende Echsenhaut Fressfeinden nicht die Sicht nehmen kann, ist es gut, dass die Blindschleiche wie die nah verwandten Eidechsen einen Teil ihres Schwanzes abwerfen kann, der weiterzappelnd ein auf sie Jagd machendes Tier ablenkt. Oder mich gehörig erschreckte, als ich einmal unabsichtlich diese Reaktion bei einer Blindschleiche verursachte. Zur Gattung der Schleichen gehören über siebzig Arten, die sich äußerlich stark unterscheiden. Einige sind wie die Blindschleiche ohne Beine unterwegs, während etwa die in Nordamerika lebende Krokodilschleiche vier Beine mit fünf Zehen besitzt. Der größte Vertreter, der unter anderem in Russland vorkommende Scheltopusik, wird bis zu eineinhalb Meter lang. Da auch er keine Beine hat, ähnelt er sehr den Schlangen. Anders als die meisten Schleichen legt die Blindschleiche keine Eier, sondern bringt ihre Jungen lebend zur Welt.

Die Blindschleichen werden mittlerweile in fünf Unterarten eingeteilt, wobei ich trotz guter Sehkraft weder deren Unterschiede noch die zwischen männlichen und weiblichen Tieren erkennen könnte. Mit einem zweiten Blick kann ich immerhin ausschließen, dass sich vor mir eine Ringelnatter oder eine Kreuzotter windet, wobei Letztere mit ihrem Gift durchaus dem Menschen gefährlich werden kann und umso mehr der Blindschleiche, welche sie gerne jagt. In solchen Situationen, kann ich mir vorstellen, würde sich die Gejagte wünschen, über flinke Beine wie ihre Verwandten in Amerika zu verfügen.

Die Blindschleiche erschreckt sich ihrerseits vielleicht genauso über mich wie ich mich über sie. Kein Wunder, können wir uns doch beide deutlich sehen, ohne dass wir auf den ersten Blick feststellen können, wie harmlos unser Gegenüber ist.

Wie oft kann eine Eidechse ihren SCHWANZ ABWERFEN?

Ob grün, braun oder grauschwarz: Eidechsen konnte ich in freier Natur, beispielsweise im heimischen Steingarten oder in den Weinbergen im Umland meines württembergischen Heimatorts, schon oft beobachten. Wie alle Reptilien sonnen sich Eidechsen nämlich gerne. Verhält man sich als Spaziergänger still, nimmt die Eidechse nicht unbedingt Reißaus. Bei der genauen Betrachtung fiel mir auf, wie regelmäßig das Tier seine Zunge herausstreckt. Auch die einzelnen Schuppen der Eidechse konnte ich gut erkennen. Bei manchen Tieren stach mir eine Sache aber selbst aus der Ferne sofort ins Auge: Sie hatten keinen Schwanz. Aus der Nähe erkannte ich dann, dass dieser nicht ganz, aber teilweise fehlte.

Doch wie kommt es, dass manchen Eidechsen der Schwanz fehlt? Eidechsen können einen Teil ihres Schwanzes abwerfen, um so Fressfeinde, wie etwa Greifvögel, Katzen und Schlangen, von sich abzulenken. Diese stürzen sich dann auf den abgeworfenen Körperteil statt auf die Eidechse selbst. Damit das auch klappt, bewegt sich der abgeworfene Teil weiterhin zuckend als Ablenkungsmanöver über den Boden, während der ehemalige Besitzer sich in die Büsche verziehen kann. Die Eidechse kann also im wahrsten Sinne des Wortes „erleichtert" die Flucht antreten. So weit, so gut. Doch hat dieses Vorgehen wirklich keine Konsequenzen für das betroffene Echsentier? Und wie oft kann dieselbe Eidechse ihren Schwanz eigentlich im Laufe ihres Lebens abwerfen? Habe ich etwa schon Eidechsen beobachtet, die ihre fünfte oder gar sechste nachgewachsene Schwanzspitze mit sich herumtrugen?

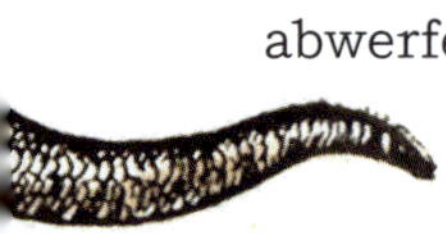

Erkennbar wäre das sicherlich nicht. Doch tatsächlich ist es einer Eidechse nur einmal in ihrem Leben möglich, diesen speziellen Trick anzuwenden. Durch Muskelanspannung kann sie im Bedarfsfall ihren Schwanz an einer Sollbruchstelle zwischen ihren einzelnen Wirbeln abwerfen. Der nach etwa einem Jahr nachgewachsene Schwanz hat keine Wirbel und wird Knorpelstab genannt. Aufgrund dessen, dass er ohne Wirbel nachwächst, kann ihn die Eidechse nicht ein weiteres Mal abwerfen.

Die Eidechse benötigt ihr Hinterteil zur Speicherung von Energie und zur Fortbewegung. Die erste Zeit nach dem Abwerfen der Schwanzspitze ist für das Tier also durchaus beschwerlich. Doch dabei bleibt es nicht: Männliche Eidechsen, die ihren Schwanz abgeworfen haben, verlieren an sozialem Ansehen unter ihren Artgenossen. Auch deshalb sollte man eine Eidechse nie am Schwanz hochheben. Denn einmal ist nicht keinmal, und ein zweites Mal gibt es für Eidechsen nicht. Für die Echsen ist es viel besser, wenn man sie aus der Ferne beobachtet und sich dabei wie die Tiere die Sonne auf die Haut scheinen lässt. Diesbezüglich kann man auf Eidechsen aber aus einem anderen Grund neidisch werden: Die Schuppenkriechtiere benötigen definitiv keine Sonnencreme. Durch ein Sonnenbad nehmen sie mit der Erwärmung ihres Körpers Energie auf und sind anschließend deutlich reger. Wenn ich auf dem Liegestuhl in der Sonne liege, kann ich das leider kaum von mir behaupten. Hinterher fühle ich mich meistens eher träger als zuvor.

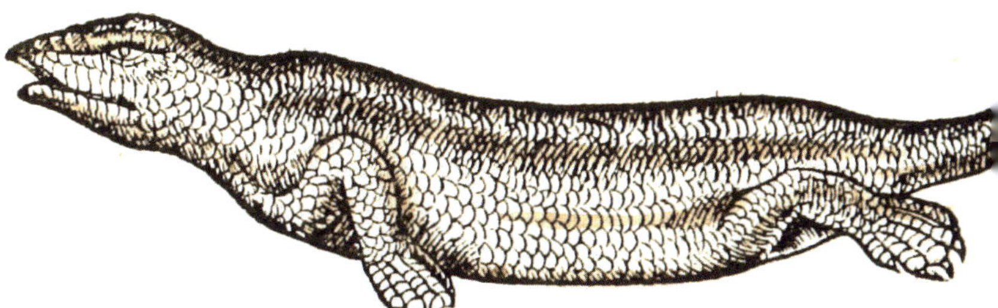

Kann ein FEUERSALAMANDER Feuer überleben?

Einer der ersten Schuhkäufe, an die ich mich erinnern kann, endete mit dem Kauf eines Paares der Marke *Salamander*. Ich war damals wohl etwa fünf Jahre alt, ging jedenfalls noch nicht zur Schule. In jedem Fall hat das mein Interesse an diesen auffallend gefärbten Tieren geweckt. Einen echten Feuersalamander habe ich tatsächlich kurz darauf im Gebüsch im Garten eines Spielgefährten entdeckt. Irgendwie hatte ich Respekt oder sogar Angst vor dem Tier, besonders, als ein vorbeilaufender Mann meinte, dass dieses Tier giftig sei.

Das ist durchaus richtig. Die schwarze, gelb gepunktete Haut der Amphibie sondert Sekrete ab, die giftig sind und bei ihren Fressfeinden Krämpfe verursachen. Zudem schmeckt es ekelerregend. Damals habe ich das Tier nicht angefasst. Hätte ich es getan, so hätte ich mir danach direkt die Hände waschen müssen. Für uns Menschen ist das Anfassen des Feuersalamanders ungefährlich, außer wir reiben uns den schleimigen Hautbelag in die Augen.

Wenn mich meine Erinnerung nicht täuscht, habe ich seitdem leider keinen Feuersalamander mehr in der freien Natur gesehen. Das ist nicht besonders verwunderlich, da der zu den Schwanzlurchen gehörende, bis zu gut 20 Zentimeter lang werdende Feuersalamander ziemlich selten ist. Vielleicht hängt das Gerücht, dass dieser Salamander im Feuer überleben kann, mit seiner Seltenheit zusammen, denn das Unbekannte reizt unsere Fantasie am meisten. Das macht wohl auch die Faszination von Fantasiewesen wie dem majestätischen Einhorn oder dem feuerspeienden Drachen aus.

Den Feuersalamander gibt es zwar im Gegensatz zu diesen wirklich, doch er kann definitiv nicht im Feuer überleben und es auch nicht löschen, wie ihm in früheren Zeiten nachgesagt wurde. Da es die Menschen im Mittelalter mit der Körperhygiene nicht so genau nahmen, ist nicht auszuschließen, dass sie den üblen Geschmack, den das Sekret des Lurches hinterlässt, beim Essen mit den Händen abbekamen. So könnte der Salamander einen schlechten Ruf bekommen haben. Und auch seine Warnfarbe, die Fressfeinde, wie Störche und Schlangen, abschrecken soll, erinnert in gewisser Weise an Feuer. Da Feuer auch ein Symbol für den Teufel und dessen höllische Flammen ist, war der Glaube, dass der Salamander im Feuer überleben oder dieses löschen kann, naheliegend.

Vielleicht geht aber auch alles auf eine falsch interpretierte Beobachtung zurück: Der Feuersalamander kann sein Gift in besonderen Notlagen nämlich auch aktiv ausstoßen. Wurde etwa ein Tier, das sich von einem nahen Feuer bedroht fühlte, dabei beobachtet? Und sind die Flammen dabei, sei es nun durch das Sekret oder etwa eine Windböe, erloschen? Genaues weiß man nicht …

Eine überlieferte Erklärung aus dem 16. Jahrhundert, wonach das Überleben des Feuersalamanders inmitten von Flammen auf seine Reinheit zurückzuführen sei, gefällt mir am besten. Doch auch dieses positive Bild ist falsch. Ganz im Gegenteil benötigt der Feuersalamander feuchte Lebensräume, um nicht auszutrocknen. Sollte ich also irgendwann wieder einmal einem Feuersalamander an einem trockenen Ort begegnen, werde ich das friedliche, keinesfalls dämonische Tier eher in den Wald bringen, als mich vor ihm zu fürchten.

Wie können manche REPTILIEN überall kleben, ohne dass ihre Füße beim Laufen dauernd schmutzig werden?

Das erste Mal habe ich von diesen Tieren gehört, als ein Auswanderer mir von seinem Leben in Australien erzählte. Er berichtete unter anderem, dass diese Reptilien gerne an der Unterseite seiner Klobrille kleben würden, was ihn am Anfang seines Lebens in „Down Under“ mehrfach in nachtschlafendem Zustand erschreckt habe.

Vielleicht wegen dieses Berichts interessieren mich diese bunten Tiere seit damals besonders. Die Rede ist von den Geckos, einer Tiergruppe, der etwa neunhundert Vertreter angehören. Abgesehen von der Antarktis sind diese zwischen nur drei und etwa vierzig Zentimeter großen Echsen auf allen Kontinenten vertreten, wobei in den Tropen und Subtropen am meisten dieser Tiere leben. Auf Insektenjagd gehen Geckos in der Nacht und in der Dämmerung. Ein gekonnter Schachzug der Evolution, da Geckos zu diesen Zeiten viel Beute machen, während andere Insektenfresser schlafen. Ihre Augen sind ebenfalls an diese Jagdzeiten angepasst: Sie haben keine Augenlider, sondern eine unbewegliche, durchsichtige Schuppe, die Brille genannt wird. Diese schützt die Augen der Geckos vor Schmutz, Staub und auch vor umherirrenden Fliegen. Ist die Brille schmutzig, können die Tiere ihre Zunge als „Brillenputztuch“ verwenden. Einige wenige Geckos sind tagaktiv und wieder andere haben keine der gerne als „Saugnäpfe" bezeichneten Lamellen an den Unterseiten ihrer Zehen.

Viele Geckos können senkrecht an sehr glatten Oberflächen, sogar Glaswänden hochklettern. Diese Anpassung an felsige und baumreiche Gegenden macht vielleicht den Überlebenserfolg solcher Geckos aus. Jedenfalls haben sie diese Eigenschaft nicht hauptsächlich, um Menschen durch ihr Auftauchen an unerwarteten Stellen zu erschrecken. In manchen Regionen, etwa auf den Seychellen, gehören Geckos ohnehin mehr oder weniger zum Haushalt dazu, was auch Vorteile hat, da die nachts jagenden Tiere etwa Motten und Spinnen aus dem Haus „entfernen". Doch die tollen „Klebefüße" haben auch ihre Nachteile: Beim Laufen auf Gelände, an dem die Geckos nicht haften bleiben wollen, müssen die Tiere ihre Füße sehr speziell aufsetzen und von vorn nach hinten abrollen, um nicht ständig kleben zu bleiben. Diese Gangart ist wohl der Albtraum eines jeden Podologen und wird für Menschen nicht zur Nachahmung empfohlen.

Eines haben uns die Tiere aber auch noch voraus: Noch nie wurde ein Gecko beim Putzen seiner Zehen beobachtet. Doch warum haben sie dann nicht ständig dreckverklebte Füße? An nur wenigen der sogenannten Setea, der „Saugnäpfe", bleibt Schmutz kleben, wohingegen alle dieser Lamellen bei der Haftung an Oberflächen mitwirken. Darum bleibt der Schmutz beim Gehen an der Oberfläche zurück und nicht an den Härchen an den Unterseiten der Geckozehen hängen. Geckofüße sind, vereinfacht ausgedrückt, also „selbstreinigend" beim Laufen.

Nun will sich die moderne Technik diesen Einfallsreichtum des Tierreichs etwa bei Putzrobotern zunutze machen. Ob und wann es dazu kommt, kann ich nicht abschätzen. Jedenfalls gefallen mir die reinlichen Geckos, und ein bisschen neidisch kann man auf die vielen Fähigkeiten ihrer Füße auch sein.

Warum haben manche SCHMETTERLINGE durchsichtige Flügel?

In unserem Alltag sind wir mittlerweile von so vielen nützlichen Dingen umgeben, dass wir überhaupt nicht mehr wahrnehmen, wie besonders einige für uns selbstverständliche Dinge eigentlich sind.

Das Glas zum Beispiel. Aus einem Trinkglas oder einer Glastasse trinken wir morgens wahlweise Orangensaft, Kaffee oder Tee, um mit Schwung in den Tag zu starten. Für Brillenträger ist das Glas notwendig, damit sie den „Durchblick" haben. In Verbindung mit der Tierwelt hat Glas bisher häufig meine Verärgerung hervorgerufen. Natürlich nicht das Glas selbst, aber das, was übrigbleibt, wenn Leute ihre Flaschen auf dem Boden zertrümmern und die Scherben liegen lassen. Das ist wohl der Albtraum jedes Hundebesitzers, da die Vierbeiner und man selbst durchsichtige Scherben manchmal erst erkennen, wenn es zu spät ist. Und eine offene, blutende Hundepfote ist für mich als „Herrchen" allein beim Anblick schmerzvoll.

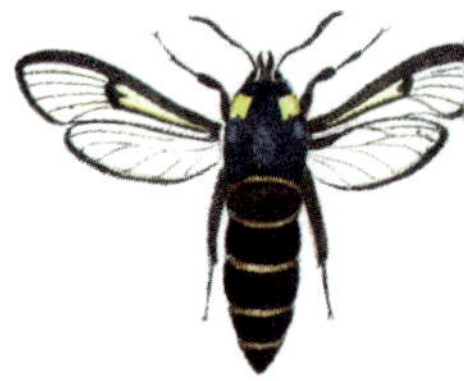

Die wichtigste und erstaunlichste Eigenschaft von Glas ist jedoch seine Durchsichtigkeit. In Form von Fenstern sorgt Glas daher dafür, dass unsere Häuser und Wohnungen gleichzeitig warm und hell sein können, was in der jahrtausendealten Geschichte menschlicher Behausungen eine relativ neue Entwicklung ist. Diese Durchsichtigkeit machen sich erstaunlicherweise auch manche Tiere zunutze, deren Name Bezug auf das besondere Material nimmt: Die Schmetterlinge in der Familie der Glasflügler haben nämlich durchsichtige Flügel. Nur das Äußere und wenige Adern sind nicht transparent, ansonsten kann man durch die Flügel der Insekten hindurchsehen wie durch eine Glasscheibe.

Beinahe eintausendfünfhundert Arten dieser Schmetterlinge flattern durch die Lüfte unseres Planeten. Bei uns in Deutschland gibt es neunundvierzig Arten. Die hier heimischen Glasflügler, wie etwa der Hornissenglasflügler, ähneln in ihrem Körperbau sehr den Wespen und Bienen. Dies schützt sie vor Fressfeinden, denn welcher Insektenjäger will sich schon mit seiner Nahrung einen Stachel einfangen? Damit diese Tarnung funktioniert, helfen die durchsichtigen Flügel: Eine Wespe mit etwa blauen Schmetterlingsflügeln sähe für einen Vogel vermutlich nicht überzeugend und damit doch sehr verlockend aus.

Abgesehen von den Polregionen kommen Glasflügler überall auf der Welt mit den jeweils vorherrschenden Lebensbedingungen zurecht. Die Mehrzahl fliegt jedoch in den Tropen. Neben den Glasflüglern haben auch noch einige andere Insekten durchsichtige Flügel. Darunter sind die etwa siebzig Arten der Florfliege, die wie die Schmetterlinge vorwiegend in den Tropen vorkommen. Da die meisten dieser Tiere aber in der Nacht und in der Dämmerung aktiv sind, sähe man durch deren Flügel wortwörtlich schwarz.

Bei dem Glasfalter mit dem wissenschaftlichen Namen *Greta oto* sind die durchsichtigen Flügel deutlich größer als bei den hierzulande lebenden Glasflüglern. Sie sind nicht nur durchsichtig, sondern reflektieren auch die Sonnenstrahlen nicht. Das ist für die Tiere besonders wichtig, denn sie sind tagaktiv, und diese Fähigkeit sorgt dafür, dass sie in ihrem Lebensraum, dem heißen Mittelamerika, von Fressfeinden beinahe nicht gesehen werden können. Manch hungriger Vogel würde sich dann vermutlich das wünschen, was uns helfen kann, diese fantastischen Insekten zu betrachten: eine Lupe. Natürlich ein Hilfsmittel aus Glas.

Welche **AMPHIBIE** transportiert ihren Nachwuchs in einem „Rucksack“?

Obwohl ein gut voller Rucksack mich etwas an meine Schulzeit erinnert, bin ich oftmals mit einem solchen auf Tour. Einfach deswegen, weil ich fast nie ohne Buch unterwegs bin und die Verwendung eines Rucksacks dem Tragen von Taschen oder Beuteln vorziehe.

Auch Tiere scheinen diese Art des Transports durchaus praktisch zu finden: Einige Frösche der Familie *Dendrobatidae*, auch Baumsteiger-Frösche oder Pfeilgiftfrösche genannt, verwenden ihren Rücken als schleimigen Rucksack. Damit transportieren sie natürlich keine Alltagsgegenstände, sondern tatsächlich ihre neugeborenen Kaulquappen. Die Männchen der Geburtshelferkröte (rechts) dagegen tragen den Laich bis zur Geburt der Kaulquappen an den Hinterbeinen. Der Färberfrosch *Dendrobates tinctorum*, von dem die meisten Vertreter eine bläuliche Warnfarbe haben, kann sich das ganze Jahr über fortpflanzen. Nach gut zwei Wochen schlüpfen die Kaulquappen aus den an feuchten Orten abgelegten Eiern. Das Männchen geht als fürsorglicher Vater zu den Jungtieren und nimmt diese auf den Rücken. Durch eine darauf befindliche Schleimschicht bleiben diese haften und stürzen nicht ab. So können sie einige Tage herumgetragen werden. Ist eine passende Wasserstelle gefunden, so duckt sich das Männchen dort hinein und die

Kaulquappen schwimmen davon. Nicht alle von ihnen überleben, da die Kaulquappen zum Kannibalismus neigen, sollten sie in ihrer „Kinderstube" nicht genug Nahrung finden. Nach rund drei Monaten gehen die verbleibenden Jungfrösche an Land.

Die aus den Regenwäldern Südamerikas stammende Amphibie ist auch bei Terrarienbesitzern sehr beliebt. Außer an den hübschen Farben – es gibt auch blaugelbe oder schwarzgelbe Färberfrösche – liegt das an der Tagaktivität der Tiere. Dadurch kann sich der Betrachter an den Fröschen in Aktion erfreuen. Außerdem lassen sich Färberfrösche mit anderen Tieren, etwa Geckos, gemeinsam halten, wobei das Terrarium dann größer sein sollte, um den etwa sechs Zentimeter großen und vier bis acht Gramm schweren Hüpfern genug Raum zu bieten.

Färberfrösche ernähren sich von kleinen Insekten. Die Tiere verbergen sich bevorzugt im Laub oder in Höhlen und Erdspalten. Auch spähen sie gerne von leicht erhöhten Punkten aus über den Waldboden. Im Gegensatz zu vielen anderen Arten der *Dendrobatidae*, was „Baumläufer" bedeutet, sind die Färberfrösche reine Bodenbewohner.

Der Name Färberfrosch geht auf die frühen europäischen Forschungsreisenden zurück. Sie dachten, die Ureinwohner würden sich ihre Schmuckfedern mit den bunten Fröschen einreiben und diese somit färben. Anders als die wirklich zum Vergiften von Blasrohrpfeilen genutzten Pfeilgiftfroscharten ist der Färberfrosch nur in geringem Maße giftig. Das über Hautdrüsen abgesonderte Gift schützt die Färberfrösche vor allem vor Hautpilzen und Krankheiten. Fressfeinde werden oftmals schon durch die Warnfarben der Frösche abgeschreckt.

Schon vor der „Rucksacktour" sorgt das Froschmännchen übrigens für den Nachwuchs: Es befeuchtet die Eier, bis aus diesen die Kaulquappen schlüpfen. Die Väter tragen hier also wortwörtlich die Hauptlast an Verantwortung für den Nachwuchs.

Welches Tier kann **MEHRERE METER HOCH** aus dem Wasser emporschnellen?

Bis zu über sechs Meter lang und etwa eine Tonne schwer kann dieses Reptil werden: Die Rede ist vom Leistenkrokodil. Doch wer hätte gedacht, dass solch ein gewaltiges Tier nahezu senkrecht aus dem Waser emporschnellen kann? Wie das dem Krokodil gelingt? Mit seinem muskulösen Schwanz rudert das Krokodil hin und her. So erzeugt es einen sehr starken Auftrieb, der es etwa so hoch wie seine gesamte Körperlänge aus dem Wasser schnellen lässt.

Vergleichbar ist diese Fähigkeit mit den Flossenschlägen eines Tauchers oder Schnorchlers, wenn dieser aus dem Wasser wieder an die Oberfläche des Ozeans gelangen möchte. Oder auch mit dem Antriebspropeller eines Torpedos. Dies ist für mich der passendere Vergleich. Leistenkrokodile, die auch Salzwasserkrokodile genannt werden, sind nämlich die für den Menschen gefährlichsten Krokodile, wobei ernsthafte Vorfälle zwischen Menschen und

Leistenkrokodilen relativ selten sind. Dennoch können wir froh sein, dass die Riesenkrokodile der Urzeit, wie etwa der Sarcosuchus, bereits ausgestorben sind. Diese wurden, wie man aus Knochen- und Schädelfunden ableiten kann, wohl über zehn Meter lang. Sollten sie, wie angenommen wird, auch über die Fähigkeiten der heutigen Krokodile verfügt haben, so haben sie sich also etwa zehn Meter senkrecht aus dem Wasser in die Höhe bewegen können.

Doch wozu machen Krokodile solch gewaltige Sprünge, bei denen sie trotz all ihrer Gewandtheit auch viel Energie verbrauchen? Dieses Verhalten ist eine der Jagdmethoden dieser erfolgreichen Jäger. Meistens schnappen sie ihre Opfer, wenn sie im Wasser auf der Lauer liegen. Dann ziehen sie ein Tier unter Wasser und ertränken es dort. Zudem sind Krokodile auch geschickt darin, ihre Beute, etwa Fische, in die Enge zu treiben, woraufhin diese ihnen beinahe ins Maul schwimmt. Schließlich können Krokodile auch ihre Schädel als Waffe, ähnlich wie eine Keule, einsetzen. Auf ihrem Speiseplan stehen Vögel, Fische, Schildkröten und Säugetiere aller Art.

Der muskulöse Schwanz dient den Reptilien auch als Fettreserve, sodass ein Leistenkrokodil bis zu ein Jahr lang keine Nahrung aufnehmen muss. Eingegraben in feuchtem Schlamm oder zurückgezogen in kühle Höhlen, kann ein Krokodil auch mehrere Monate ohne Wasser auskommen. So ist es an seinen Lebensraum bestens angepasst. Leistenkrokodile kommen von Ostindien über Südostasien bis nach Australien und Ozeanien vor. Damit sind sie die am weitesten verbreiteten Vertreter ihrer Gattung.

Bei all diesen Fähigkeiten ist es eigentlich nicht verwunderlich, dass Leistenkrokodile ein Alter von weit über siebzig Jahren erreichen können. Übrigens: Das Beobachten von Leistenkrokodilen, die sich spektakulär aus dem Wasser emporschrauben, wird in Australien sogar als Touristenattraktion angeboten. Von einem Boot aus kann man die Tiere bei einer Fütterung in Aktion erleben. Für mich ist der Anblick der Tiere im Zoo schon sehr beeindruckend. Oder auch der eines ausgestellten verstorbenen Exemplars. Ein solches konnte ich nicht nur im Naturkundemuseum bewundern, sondern auch in der tschechischen Burg Karlštejn nicht unweit von Prag. Der dort befindliche Krokodilkopf soll in früheren Zeiten für das Haupt eines Drachen gehalten worden sein. Eine gewisse bedrohliche Faszination übt jedenfalls sowohl das Fantasie- als auch das echte Schuppentier auf mich aus.

Wozu benutzen Schlangen ihre GESPALTENEN ZUNGEN?

„Der Häuptling spricht mit gespaltener Zunge!" Dieser Satz kommt so oder so ähnlich gefühlt in jedem zweiten Westernfilm vor. Dieser bildhafte Ausspruch, von dem nicht gewiss ist, ob ihn jemals ein Ureinwohner Amerikas verwendete, bezieht sich auf die Tatsache, dass Schlangen eine gespaltene Zunge haben. Der Sprecher unterstellt demjenigen, der mit „gespaltener" Zunge spricht, die Unwahrheit zu sagen beziehungsweise etwas anderes zu sagen als das, was er tatsächlich denkt. Da Schlangen zischeln, wären sie wohl schlecht verständlich, wenn sie sprechen könnten. Auch sind diese Reptilien – man denke zum Beispiel an die Schlange im Paradies – eher negativ behaftet.

Obschon mir die Farbenpracht mancher Schlangenarten gefällt, zählen diese sich windenden Tiere auch nicht unbedingt zu meinen Lieblingen. Zumindest manche von ihnen, etwa die in Afrika lebende, hochgiftige Schwarze Mamba, können dem Menschen tatsächlich gefährlich werden. Die überwiegende Anzahl an Schlangen ist jedoch harmlos und scheu. Die etwa zweitausendfünfhundert Arten sind, abgesehen von den Polarregionen und einigen Inseln wie zum Beispiel Irland, Neuseeland und Hawaii, weltweit verbreitet. Neben der Mannigfaltigkeit ihrer Farben unterscheiden sich die Schlangen auch in ihrer Jagdmethode: Einige töten Beute durch Gift, andere haben sich auf das Erwürgen ihrer Nahrung spezialisiert. Die Größenunterschiede der Schlangen sind enorm: Die kleinsten Arten werden lediglich wenige Gramm schwer und nur rund fünfzehn Zentimeter lang, wohingegen die kolossalen Anakondas es auf bis zu zehn Meter Länge bei einem Gewicht von bis zu etwa zweihundertfünfzig Kilogramm bringen können. Die ausgestorbene Titanoboa, die einer Anakonda sehr ähnlich gewesen sein soll, wurde sogar über vierzehn Meter lang. Auch in ihren Fortbewegungsarten sind Schlangen sehr verschieden: Manche schwimmen durchs Wasser, einige können durchs Erdreich oder unter dem Wüstensand hindurchkriechen. Die dünn gebauten Schmuckbaumnattern wiederum gleiten bis zu zwanzig Meter weit „fliegend" von Baum zu Baum.

Wenn man sich die Vielseitigkeit von Schlangen anschaut, sind sie eigentlich viel zu faszinierend, um sich vor ihnen zu ekeln oder gar zu fürchten. Das gilt auch für deren gespaltene Zungen, die schlank sind und über zwei Spitzen verfügen. Mit diesen können Schlangen sogar riechen. Die rechte Hälfte kann dabei etwas anderes riechen als die linke Hälfte, was in etwa so ist, als hätten wir zwei Nasen - eine nach rechts gerichtet und eine nach links. Dadurch sind sie in der Lage, Gerüche sehr gut zu unterscheiden. So wissen sie etwa, ob es sich um den Geruch eines Beutetieres oder den Duft einer Pflanze handelt und aus welcher Richtung der Geruch kommt. Sie benutzen ihre Zunge also keinesfalls, um die Unwahrheit kundzutun, sondern um zu jagen oder sich vor Fressfeinden rechtzeitig in Acht nehmen zu können. Dabei können Schlangen sogar gleichzeitig in mehrere Richtungen schnuppern. Das wiederum ist nötig für ihre Orientierung. Da Schlangen schlecht sehen, brauchen sie ihre Zunge, um sich in jeder Lage zurechtzufinden. Das als „Züngeln“ bezeichnete Herausschnellen der Zunge dient genau diesem Zweck.

So muss die Schlange nie nach dem Weg fragen und geht nicht das Risiko ein, in die Irre geleitet zu werden, dem wir ausgesetzt sind, falls der Auskunftsgeber „mit gespaltener Zunge spricht“.

Welche Insekten bauen bis zu zehn Meter HOHE TÜRME ?

Ein modernes Einfamilienhaus wird etwa zehn bis zwölf Meter in die Höhe gebaut. In einem solchen leben dann etwa zwei bis fünf Personen. Fertiggestellt wird ein solcher Bau, je nach Ausstattung, innerhalb von etwa sechseinhalb Monaten.

In einigen Belangen werden diese Zahlen von einer Gruppe ganz besonderer Insekten geschlagen, wobei deren Bauten eher Türme und keine Häuser sind. Die Rede ist von Termiten. Diese bauen sich Nester, die gleich ein ganzer Staat bewohnt. Ein solcher wird von einer Königin und einem König „regiert". Darüber hinaus gibt es unter den Bewohnern Arbeiter, und die größeren Tiere sind die Soldaten. Sowohl weibliche als auch männliche Termiten können diesen als Kasten bezeichneten Gruppen angehören. In jedem Fall hat jede Termite ihre individuelle Aufgabe. Und das ist auch besonders wichtig, da in manchen Nestern Millionen an Termiten leben. Die Termitensoldaten sind für die Verteidigung der Königin, die etwa dreißigtausend Eier am Tag legt, und des Baus zuständig. Arbeiter reparieren und erweitern den Hügel. Dabei müssen die vorwiegend in Afrika und den Tropen lebenden Tiere auf eine gute Luftzufuhr achten. Neben Frischluftzufuhr muss auch der Abfluss der heißen Luft durch Kanäle geregelt werden. Termiten, die sich von Pilzen ernähren, die im Bau gezüchtet werden, müssen auch beachten, dass diese in ihren eigens angelegten Kammern gute Bedingungen haben. Die Termiten können also als architektonische Meister bezeichnet werden.

Die zwischen zehn Millimetern und Rekordgrößen von zwölf Zentimetern messenden Termitenarten der Erde unterscheiden sich stark. Es gibt braune, gelbliche und fast schwarz gefärbte Arten. Neben den Arten, die Pilze züchten, gibt es auch auf Blätter spezialisierte Termiten. Zudem bauen nicht alle dieser Insekten Türme. Manche Bauwerke sehen wie rätselhafte Pilze aus. Auch bei der Verteidigung haben die Soldaten der Termiten je nach Art unterschiedliche „Waffen" zur Verfügung. Es wird zwischen „Kiefersoldaten", die kräftig zubeißen können, und „Nasensoldaten", die ein giftiges Sekret gegen Fressfeinde absondern, unterschieden.

Wenn man sich die Anzahl an Bewohnern eines Termitenhügels anschaut, die Höhe der Bauwerke mit der Größe der „Baumeister" vergleicht und die komplexen Strukturen im Innern mit Kammern und Belüftungsschächten beachtet, verwundert es nicht, dass der „Grundstein" für den höchsten „Termitenturm", der in der Demokratischen Republik Kongo zehn Meter in den Himmel ragt, bereits vor etwa 2200 Jahren gesetzt wurde. Ein Ende der Bautätigkeiten seiner krabbelnden Bewohner ist nicht in Sicht. Schließlich hat das zudem fünfzehn Meter breite Bauprojekt bereits Erschütterungen, Regen und Stürme überstanden. Für den Fall von Beschädigungen stehen gleich hunderttausende Arbeiter bereit. Solche Bedingungen würde man sich wohl für jedes Bauprojekt wünschen.

In der Nähe menschlicher Bauwerke sind manche Termitenarten jedoch nicht gern gesehen: Trockenholz-Termiten durchlöchern auf Nahrungssuche etwa in Thailand und Australien das Bauholz von Häusern, höhlen es aus und können dadurch große Zerstörung anrichten. Solche Termitenarten haben ihre Bauten entweder in abgestorbenen Bäumen selbst oder in Baumnestern. Von Termiten ausgehöhlte Äste werden von den Aborigines zur Herstellung des bekannten Didgeridoos genutzt. Somit sind diese beeindruckenden Baumeister in gewisser Weise auch noch musikalisch.

Welches Tier sieht genauso aus wie **SEINE NAHRUNG**?

Das Thema Tarnung ist ein weit gefasstes Feld, mit dem ich mich gerne auseinandersetze. Viele Tiere sind Meister im Tarnen und Täuschen, um sich so vor Fressfeinden zu schützen. Sofort fallen mir hier, wie wohl vielen anderen Leuten auch, die ihre Farbe wechselnden Chamäleons ein, wobei diese Tiere sich nicht nur zu ihrem Schutz farblich ihrem Hintergrund anpassen, sondern auch ihren Emotionen auf diese Weise Ausdruck verleihen. Die Fähigkeit, seine Färbung steuern zu können, ist schon beneidenswert. Unser Gesicht reagiert ja automatisch auf Gemütsstimmungen: etwa indem wir bei Scham oder Zorn erröten und bei Angst erbleichen. Leider können wir das im Gegensatz zum Chamäleon ja nicht kontrollieren. Ein deutlich größeres Tier, welches sich ebenfalls bestens getarnt durch die tropischen Regenwälder fortbewegt, ist das Okapi. Durch sein braun-weiß gestreiftes Fell war dieser Verwandte der Giraffe so gut im Unterholz verborgen, dass er bis vor gut einhundert Jahren kaum gesichtet wurde.

Wenn es um Insekten geht, zweifle ich jedes Mal an meinen Augen, wenn ich vor einem Terrarium stehe und auf einem daran angebrachten Schild die Bewohner mit „Wandelndes Blatt" angegeben werden. Ich schaue meist ziemlich lange durch die Scheibe, ohne den Unterschied zwischen „gewöhnlichen" Blättern eines Baumes und den Wandelnden Blättern zu erkennen.

Diese zu den Gespenstschrecken gehörenden Tiere sind wahre Meister der Tarnung. Um sie schließlich doch zu sehen, benötige ich Geduld. Immer wieder bewegt sich eines der Tiere und ich erkenne, dass dies kein Blatt, sondern ein Lebewesen ist. Allerdings bewegen sich die nachtaktiven Tiere tagsüber kaum, was die Möglichkeit, sie zu erspähen, noch erschwert. Ihre nahezu perfekte Tarnung dient den Wandelnden Blättern zum Schutz vor Fressfeinden. Diese Fähigkeit beherrschen Wandelnde Blätter bereits in ihrem zweiten Entwicklungsstadium als Nymphen, nachdem sie nach etwa vier bis acht Monaten aus dem Ei geschlüpft sind. Ihr Erwachsenenstadium erlangen männliche Tiere nach vier, weibliche Tiere nach sechs Häutungen, die innerhalb von vier bis acht Monaten erfolgen. Die kleineren und leichteren Männchen können fliegen, erreichen aber nur ein sehr geringes Alter im ausgewachsenen Zustand. Sie werden nur wenige Wochen alt, während Weibchen noch bis zu etwa acht Monate weiterleben.

Da ich noch nie eines der Insekten bei seiner üblichen Nahrungsaufnahme sah, fragte ich mich, was Wandelnde Blätter eigentlich selbst fressen? Die Antwort klingt naheliegend und banal: Alle der über fünfzig Arten der Wandelnden Blätter fressen Blätter. In ihrem Herkunftsraum, Südostasien und Australien sowie die daran angrenzenden Gebiete und die Seychellen, sind dies die Blätter des Mangobaumes, der Teepflanze, der Guave, des Kakaobaumes und weiterer dort wachsender Gewächse. Die auch gerne in privaten Terrarien gehaltenen Exemplare können bei uns mit Brombeer-, Himbeer- oder Rosenblättern gefüttert werden. Die Art ihrer Nahrung erlaubt es den Insekten, ohne weitere Flüssigkeitszufuhr auszukommen. Blätter sind für die Tiere also einerseits die „Vorlage" für ihre Tarnung sowie andererseits für die Nahrungs- und Flüssigkeitsversorgung notwendig.

Damit eignen sie sich für Insektenliebhaber, die nicht täglich an das Bereitstellen von frischem Wasser denken möchten. Jedoch sollten Hölzer, Äste und Blätter regelmäßig gewechselt werden, da die Tiere sonst erkranken können. Und wer kann es schon immer genau erkennen, dass ein solcher Tarnungskünstler sich nicht wohl fühlt? Denn dazu muss man ihn ja erst einmal entdecken ...

RUND UM HAUS, HOF UND GARTEN:

unsere Haus- und Nutztiere

Welche Vögel dienen als „WACHHUNDE"?

Wenn von tierischen Wächtern die Rede ist, denkt man allgemein zuallererst an Hunde. Auch im Sprachgebrauch ist der „Wachhund" fest verankert. Doch ein anderes Tier ist vielleicht der bessere Wächter von Haus und Hof: die Gans. Gänse wurden schon in früheren Zeiten, als es nur Adligen gestattet war, sich Hunde zu halten, auf Bauernhöfen als Wächter eingesetzt.

Gans ist allerdings nicht gleich Gans. Die sechzehn Arten der Echten Gänse, welche allgemein in Wasser- und Feldgänse unterteilt werden, unterscheiden sich sehr. So ist etwa die Zwergblassgans nicht nur die seltenste Gans Europas, sondern auch, wie ihr Name verrät, deutlich zu klein, um als Wächter ernst genommen zu werden. Mit etwa sechzig Zentimetern Körperhöhe vermag sie ungebetene Gäste nicht einzuschüchtern. Zudem ist sie ein wildlebender Zugvogel, der bei uns in Deutschland lediglich überwintert. Als Wächter eignen sich daher „nur" die Hausgänse. Von den über einhundert Rassen sind nur die wenigsten flugfähig. Mit etwa sechs Kilogramm „Kampfgewicht" sind diese Vögel deutlich eindrucksvoller als manch kleiner Hund. Zudem benötigen Gänse kein teures Futter, sondern lediglich das, was sie auf einer ausreichend großen Weide finden. Auch lassen sie sich anders als Hunde nicht von Fleisch oder Futter bestechen, da sie prinzipiell schnattern. Mit diesem lauten Geschnatter, das sie bei der Sichtung von Fremden ausstoßen, können sie sich ebenso lauthals Gehör verschaffen und ihre Besitzer warnen wie bellende Hunde. Da Gänse ein sehr gutes Sehvermögen haben, entgeht ihren wachsamen Blicken kaum etwas. Sie können zwar nicht wie Hunde beißen, aber mit ihren Schnäbeln kräftig zwicken und heftig mit ihren Flügeln schlagen. Schon die alten Römer wussten über die Eignung der Gans zum Wächter Bescheid. In Italien werden „Gänsetrupps" noch heute unter anderem auf Campingplätzen als „Security-Kräfte" eingesetzt. Das dient zwar der Sicherheit der Besucher, doch nicht gerade deren ausgiebigem Schlaf.

Trotz ihrer vielen nützlichen Eigenschaften werden Gänse vielleicht auch deshalb hauptsächlich wie Hühner zur Mast und zum Eierlegen gehalten. Dafür wurden Gänse schon in der Bronzezeit domestiziert. Die zu den Entenvögeln gehörenden Gänse sind am nächsten mit den Wehrvögeln Südamerikas verwandt. Diese optisch an Truthähne erinnernden Vögel werden ebenfalls domestiziert und als Wächter eingesetzt. Einen Vorteil hat der Hund gegenüber den Gänsen allemal: Er kann das Haus allein bewachen, während Gänse in Scharen oder mindestens zu zweit gehalten werden sollten. Da Gänse in strenger Einehe leben, kann auch ein Paar aus Gans und Gänserich Dienst als Wächter tun. Zum Schutz vor Eindringlingen ist es schließlich egal, ob eine Gans oder ein Ganter Alarm schlägt. Eine gute Behandlung kann eine Gans mit lang anhaltender Wachsamkeit belohnen: In seltenen Fällen können diese Tiere bis zu dreißig Jahre alt werden. Und anders als menschliches Security-Personal gehen Wachgänse nicht in Rente.

? „SUPERNASE“ auf vier Pfoten: Wie können Hunde den Menschen helfen?

Zugegeben, beim Thema Hunde fällt es mir besonders schwer, objektiv zu sein. Mit diesen Tieren bin ich aufgewachsen und habe es sehr genossen, immer einen Vierbeiner, der sich gerne streicheln lässt oder mich auf eine Runde ins Freie begleitet, um mich zu haben. Neben diesen Eigenschaften, die vor allem das Gemüt ihrer Besitzer erfreuen, haben Hunde zusätzlich einiges zu bieten, das dem „Allgemeinwohl“ der Gesellschaft dient.

Zum Beispiel die Rettungshunde bei verschiedenen Hilfsorganisationen. Diese suchen unter anderem nach lebenden Menschen in zusammengestürzten Bauwerken. Für das Orten überlebender Personen muss der Hund eine sehr gute Nase haben. Doch das allein reicht bei Weitem nicht aus. Er muss zudem seinem Hundeführer aufs Wort gehorchen, da es nichts nützen würde, wenn ein Hund sich, von seiner Spürnase gelenkt, selbst in zu große Gefahr begibt und ihm im schlechtesten Fall auch noch Einsatzkräfte dorthin folgen würden. Geeignet sind eigentlich alle Hunderassen, wobei manche Hunde etwas gelehriger oder von der Größe hilfreicher sind. Auch Hundemischlinge kommen hier zum Einsatz. Das Entscheidendste ist das regelmäßige Training und die Ausbildung, die ein Hund bekommt. Ähnliches gilt für Suchhunde in verschneiten und abgelegenen Bergregionen. Diese können Menschen nicht nur helfen, wenn diese unter Schneelawinen verschüttet werden, sondern sie auch bereits vorab auf solche und andere Gefahren aufmerksam machen. Denn neben einer guten Nase haben Hunde auch einen natürlichen Instinkt, der sie vor drohenden Gefahren warnt. Der in den Schweizer Alpen bei Mönchen lebende Bernhardinerhund Barry soll bis zu seinem Tod im Jahr 1814 etwa vierzig Menschen vor einem schlimmen Schicksal in der Kälte bewahrt haben. Heute noch gilt er als vierbeinige Legende in unserem Nachbarland. Auch als Therapiehunde in der Pflege und Rehabilitation sind die kontaktfreudigen Bernhardiner, die als besonders ausgeglichen in ihrer Wesensart gelten, sehr beliebt.

Weniger ausgeglichen als vielmehr spezialisiert auf bestimmte Gerüche müssen Spürhunde der Polizei sein. Nach rund einem Jahr der Ausbildung können Drogen- und Sprengstoffsuchhunde diese Substanzen auch über größere Entfernungen oder durch Taschen und Ähnliches hindurch wahrnehmen. Auch als Diabetikerwarnhunde und Corona-Spürhunde bringen Hunde ihre außergewöhnlich guten Nasen zum Einsatz. Mit ihren bis zu zweihundertzwanzig Millionen Riechzellen – der Mensch hat vergleichsweise nur fünf Millionen – können Hunde etwa eine Million Mal besser riechen als Menschen. Auch die Emotionen und den Gesundheitszustand ihres Gegenübers können Hunde am Geruch erkennen. Im Vergleich dazu laufen wir Menschen nahezu „geruchsblind“ durch die Gegend.

Vielleicht am beeindruckendsten und zumindest für einen individuellen Menschen am hilfreichsten sind Blindenhunde. Diese erkennen Hindernisse wie Türen und Treppen oder auch rote Ampeln. Besonders schwer stelle ich mir das vor, da die Tiere ja umdenken und sich in die Lage ihres Halters hineinversetzen müssen. Darum eignet sich auch nicht jeder Hund zum Blindenhund. Besonders beliebt sind etwa Labrador Retriever, wobei hier bereits bei Welpen getestet wird, ob sie möglicherweise solch eine verantwortungsvolle Aufgabe übernehmen können. Schließlich ermöglichen diese heldenhaften Hunde vielen Blinden ein eigenständigeres Leben.

Dass der Slogan „Vorsprung durch Technik“ auch auf Hunde zutrifft, kann an einem historischen Ereignis festgemacht werden. Die Huskys, welche die Schlitten des norwegischen Polarforschers Roald Amundsen zum Südpol zogen, waren in ihrer Angepasstheit an die eisige Witterung den Ponys, die sein Rivale, der Engländer Robert Scott, hierzu verwendete, weit überlegen. Auch dank diesen „Superpfoten“ gelangte Amundsen unbeschadet zurück in seine Heimat und konnte sich als erster Mensch am Südpol feiern lassen.

Zu welch spannenden Entdeckungen Hunde in der Zukunft noch aufbrechen werden oder welche neuen Bereiche, in denen sie uns Menschen helfen können, sie sich noch erschnuppern, vermag ich nicht zu sagen. Solch einen guten „Riecher“ habe ich nämlich nicht ...

Wie viele **HÜHNERRASSEN** gibt es?

Auch jeder Stadtmensch hat bestimmt schon einmal ein Huhn gesehen und wahrscheinlich auch schon einmal einen Hahn krähen gehört. Doch alle Hühnerrassen schon gesehen zu haben, kann wohl kaum jemand von sich behaupten, schließlich werden allein schon in Europa etwa zweihundert Hühnerrassen gehalten. Dass es derart viele sind, hätte ich nicht gedacht. Erstmals aufgefallen ist mir diese Vielfalt unter dem Hühnervolk, als ich bei einer Tiermesse auch optisch stark unterschiedliche Tiere in ihren Ausstellungsgehegen sehen konnte. Weltweit soll es sogar über fünfhundert Hühnerrassen geben. Dabei sind sogenannte Hybridhühner, die bei Kreuzungen aus zwei Rassen entstehen, überhaupt noch nicht miteingerechnet. Typischerweise sind Hühner, zumindest für mich, braun oder weiß. Der Hahn ist braunschwarz mit rotem Kamm.

So viel zu meinen Vorurteilen. Es gibt nämlich auch schwarzweiß gesprenkelte Hühner, Hähne mit blau schillernden Federn oder auch goldgefiederte Hühner. Mir gefällt auch das Seidenhuhn, eine Rasse aus Ostasien, sehr gut. Deren flauschige, fransige Federn erinnern mich etwas an eine Föhnfrisur. Wichtiger als die Optik sind für Züchter aber gewöhnlich Kriterien wie die Legeleistung, die Größe der Eier, die Mastfähigkeit und die Geschwindigkeit des Wachstums. Zumindest für Leute, die in der Nähe von Hühnern leben, spielt auch die Lautstärke und die Häufigkeit des Gackerns und Krähens eine Rolle. Manche Rassen gelten als ruhig, andere als „kommunikativ". Und auch wenn der Hahn als „Weckerersatz“ gilt, der den Anbruch des Tages signalisiert, habe ich einige Gockel in meiner Nachbarschaft bereits zu jeder Tageszeit krähen gehört. Man gewöhnt sich daran und eigentlich finde ich es recht unterhaltsam, zumal ich mir einbilde, auch am Ton und der Lautstärke des Hahnenschreis bereits zwei oder drei Rassen voneinander unterscheiden zu können.

Alle domestizierten Hühnerrassen stammen von mehreren Wildhuhnarten ab. Die Ursprünge der Hühnerzucht liegen wohl im asiatischen Raum - und das vor bereits etwa rund achttausend Jahren. Das aus Asien stammende Banikvahuhn gilt als Stammform der meisten Zuchtrassen. Es ist wahrscheinlich auch dasjenige, welches mir in den Sinn kommt, wenn ich an Hühner denke.

Noch ein Unterschied zwischen den Rassen betrifft die Flugfähigkeit. Als wirkliche Flugkünstler kann man diese Vögel nicht bezeichnen, doch zumindest einige Meter flattern können sie. Wie weit sie dabei gelangen, hängt auch von der Rasse ab. Für eine Flucht auf einen Baum sollte es zwar reichen, dennoch werden unsere Hühner und ihre Eier immer noch von Mardern, Füchsen und zunehmend auch von Waschbären erwischt.

In Deutschland werden am meisten Hühner in Niedersachsen gehalten. Jedes der vielen Milliarden an Hühnern in Deutschland legt im Durchschnitt pro Jahr etwa dreihundert Eier. Auch deren Schalen haben unterschiedliche Farben. Von der Farbe der Ohrlappen des Huhns kann man übrigens auf die Farbe des Eis schließen: Beispielsweise legen Hühner mit roten Ohrlappen braune Eier, Hühner mit weißen Ohrlappen weiße. So genau habe ich mir diese Tiere bisher aber doch noch nicht angeschaut …

Warum landet die KATZE immer auf allen vieren?

Dem beliebtesten Haustier der Deutschen wird nachgesagt, dass es eine richtige Persönlichkeit wäre. Anders als etwa Hunde seien Katzen keine wirklichen Haustiere, die auf ihre Besitzer hören, sondern würden vielmehr diese wie ihr Personal behandeln. Nicht genug damit, dass er oder sie die Katze füttern, streicheln und ihr die Türe aufmachen muss, wenn sie miauend nach ihm verlangt, auch ändern Katzen ziemlich divenhaft ihre Meinung. Eben noch schnurrend, können sie sich im nächsten Moment auf die Hand, die sie streichelt oder füttert, stürzen. Ähnliche Erfahrungen habe ich mit den Katzen, mit denen ich in einem Haus lebte, gemacht.

Der ziemlich rund gebaute Kater fuhr gerne einmal spontan seine Krallen aus. Die hingegen dünne Katze, die meiner Mutter zugelaufen war, konnte mit einem nervenaufreibenden Tonfall Befehle wie „Tür auf!" oder „Futter" miauen. Viele Verhaltensweisen, die als typisch für Katzen gelten, konnte ich an den beiden sowie an Katzen auf der Straße oder an Stubentigern von Bekannten beobachten.

Den Nachweis für eine sehr bekannte Fähigkeit habe ich jedoch nie selbst gesehen. Katzen landen, so heißt es, immer auf allen vieren, wenn sie einmal irgendwo herunterfallen. Woran liegt das und stimmt es wirklich? Erst einmal landen

Katzen tatsächlich nicht immer auf ihren Beinen. Aber durchaus bei den meisten ihrer Abstürze. Dies liegt am sogenannten Stell- oder auch Umdrehreflex, einer Gabe, die Katzen zwar nicht in die Wiege gelegt wurde, über die sie aber nach etwa sieben Wochen Lebenszeit verfügen.

Bei einem Fall dreht sich der Vierbeiner automatisch mit Kopf und Vorderkörper in die Fallrichtung, dann folgt das Hinterteil. Die Pfoten deuten in Richtung Boden, und manchmal spreizt die Katze leicht die Beine und macht einen Buckel. Der Schwanz hat bei dem Drehvorgang sowie beim Fallen eine wichtige Steuerungsfunktion inne. Die Landung endet auf den Pfoten, Beine und Körper federn noch einmal nach, und dann geht die Katze oftmals weiter, als wäre nichts geschehen. Durch ihre elastische Wirbelsäule und ihre festen Knochen bleibt sie meistens unverletzt, wobei natürlich ein besonders harter Untergrund bei der Landung oder eine sehr große Fallhöhe dennoch zu Verletzungen führen können. Auch eine zu geringe Fallhöhe macht es für Katzen, trotz ihrer Reaktionszeit von weniger als einer Sekunde, nicht möglich, sich vollständig auszurichten und auf allen vier Pfoten zu landen. Das nützliche Gleichgewichtsorgan, das Katzen auch allgemein vor häufigem Abstürzen bei ihren Sprüngen bewahrt, sitzt im Innenohr. Selbst Katzen mit Gleichgewichtsstörungen können im Normalfall auf ihren Pfoten landen, wenn sie über eine gute Sicht beim Fallen verfügen und sich über das Sehen orientieren können. Für uns ist es meistens nicht direkt erkennbar, ob eine Katze sich vielleicht nicht doch innerlich bei ihrem Fallen verletzt hat, selbst wenn sie gekonnt auf ihren Pfoten landet. Wenn man sich nicht sicher ist, sollte man hier vielleicht einmal einen Tierarzt einen Blick darauf werfen lassen. Doch meistens bekommen wir Menschen die waghalsigen Sprungmanöver der Katze nicht einmal mit.

Die schönste Erklärung für das Phänomen der auf ihren Pfoten landenden Katze stammt übrigens aus Legenden des Islams. Dort heißt es, dass der Prophet Mohammed seiner Katze Muezza diese Gabe aus Zuneigung verlieh.

Was hat das MEERSCHWEINCHEN mit dem Meer zu tun?

Nicht nur sie zu streicheln, sondern auch sie beim Fressen und Herumtollen zu beobachten, hat mir als Kind an den zwei Meerschweinchen, die ich hatte, sehr gefallen. Mit ein bisschen Futter als Motivation konnte ich sie auch dazu bringen, über kleine Hindernisse zu laufen. Die beiden Meerschweinchen waren ein erfreulicher Anblick und auch unser damaliger Hund, ein Mischling, fand die kleinen Nager niedlich. Zwar hat er ab und zu ganz gerne Brotrinde und Karotten aus ihrem Käfig stibitzt, sie aber auch ganz behutsam angestupst.

Wegen ihrer Pfiffe hätte ich irgendwie noch verstanden, wenn sie „Pfeifschweinchen" heißen würden. Aber was haben Meerschweinchen mit dem Meer zu tun? Und warum überhaupt „Schweinchen"? Neben dem Pfeifen, das entfernt an das Quieken junger Ferkel erinnert, ähneln die Tiere Schweinen eher wenig. Bei einem Gewicht von etwa siebenhundert Gramm bis etwas über einem Kilogramm spielen sie auch eindeutig in einer anderen Gewichtsklasse als ihre borstigen Namensvettern. Verwandt sind Schweine und Meerschweinchen nicht. Die rund fünfundzwanzig Zentimeter langen Nagetiere sind dagegen mit Kaninchen, Hasen und Hamstern verwandt. Mit Kaninchen können die geselligen Tiere auch gemeinsam gehalten werden. Keinesfalls sollte man sich ein einzelnes Tier zulegen, da dies sich dann sehr unwohl und einsam fühlt. Vielleicht kein Wunder, sind Meerschweinchen doch bei uns weit entfernt von ihrer alten Heimat, den Tälern und Gebirgen Südamerikas, wo sie in kleinen Familien zusammenleben. Von dort wurden sie auf dem Seeweg, übers Meer, nach Europa gebracht. Daher könnte ihr Name stammen. Eine andere Möglichkeit besteht darin, dass sie auch als lebender Proviant auf mancher Seefahrt mitgenommen wurden. Die ersten Europäer, die diese niedlichen Tiere zu Gesicht bekamen, waren spanische und portugiesische Seeleute. Auf Spanisch werden Meerschweinchen auch als Conejillo de Indias bezeichnet. Das bedeutet so viel wie „indianischer Hase". Obwohl Südamerika nichts mit Indien gemein hat und die Bezeichnung Indianer beziehungsweise indianisch bekanntermaßen auf eine falsche Annahme zurückgeht, passt zumindest die Zuschreibung Hase deutlich besser zu den Meerschweinchen als die Ableitung des deutschen Namens von den Schweinen.

Den bereits bei ihrer Geburt weit entwickelten Meerschweinchen wird es egal sein, dass nur der erste Teil ihres Namens - und das auch nur bedingt - auf sie zutrifft. Viel wichtiger ist den Tieren, dass sie sich regelmäßig austoben können. Als Haustierhalter sollte man auf ein ausreichend großes Gehege, welches auch Rennstrecken bietet, achten. Bei guter Pflege und wenn man sie artgerecht mit Heu, Gemüse und Obst versorgt, können Meerschweinchen etwa acht Jahre alt werden. Dass ein Meerschweinchen sich wohlfühlt, kann man am glänzenden Fell erkennen. Meerschweinchen sind meistens weiß, braun und schwarz gefärbt. Ist das Fell stumpf, stimmt etwas mit den Tieren nicht und man sollte sie genau beobachten und nötigenfalls zum Tierarzt gehen.

Dieser Weg ist dann für die Nager nicht annähernd so lange wie der, den ihre Vorfahren auf der Reise nach Europa hinter sich brachten. Eine Seereise von Südamerika nach Spanien dauerte damals etwa ein halbes Jahr.

?

Wird ein **STIER** von der Farbe Rot aggressiv?

Das männliche Rind wird im Allgemeinen Stier oder Ochse genannt. Dabei gibt es einen wichtigen Unterschied: Ochsen sind kastriert. Von Bullen spricht man bei Tieren, die mehr als sieben Monate alt sind. Das Kastrieren macht die Tiere zahmer und ruhiger – Eigenschaften, die beim in Spanien so beliebten Stierkampf nicht gewollt sind. Deshalb werden dort traditionell besonders wilde Rinderrassen gezüchtet, um an einen „Kampfstier", im Spanischen „toro de lidia" oder „toro bravo" genannt, für die Kämpfe in der Arena zu gelangen. Sie haben ein breites Gesicht und eine mächtige Front. Ihr Gewicht muss zwischen dreihundert bis fünfhundert Kilogramm betragen und sie sind etwa einhundertfünfundsechzig bis einhundertneunzig Zentimeter lang.

Die kostspieligen Züchtungen begannen im 18. Jahrhundert. Neben Auswahl, Training und Versorgung der Tiere kommt bei den Ausgaben etwa hinzu, dass ein ausgewachsener Stier über sieben Kilogramm Trockenfutter und Stroh am Tag verspeist. Die wilden Hornträger können nicht im Stall, sondern nur einzeln in weitläufigen, umzäunten Flächen gehalten werden. Ansonsten würden sie aufeinander losgehen, da sie sehr dominant auftreten. Ein daraus resultierendes abgebrochenes Horn oder eine Verletzung würden dem Arenaauftritt im Wege stehen.

Stierkämpfe spalten die Gemüter. Diese Sportereignisse, welche für gewöhnlich mit dem Tod des Stieres enden, werden entweder als traditionell verehrt oder als grausam verdammt. Es gibt jedoch auch unblutige Stierkämpfe. In Spanien hat neben dem klassischen Stierkampf ebenfalls das für die Stiere völlig ohne Blutvergießen verlaufende Stierspringen Tradition, bei dem die Sportler etwa mit einem Salto spektakulär über einen heranrasenden Hornträger springen. Neben Spanien werden auch in Brasilien, Portugal, den USA und Mexiko Stierkämpfe durchgeführt.

Beim klassischen Stierkampf stürmt der Stier auf ein rotes Tuch zu, das der Stierkämpfer, der Matador, schwenkt. Wird das Tier also von der Farbe des Tuches noch zorniger und aggressiver? Nein, das wird es nicht. Im Gegenteil: Es kann diese Farbe nicht einmal erkennen, da alle Rinder rotblind sind. Kampfstiere reagieren also nicht auf die Farbe Rot, sondern auf die schnellen Bewegungen, die mit dem Tuch gemacht werden. Zudem verteidigen die bedrängten Tiere ihr Leben und werden deshalb aggressiv. Die Farbe Rot wurde nur wegen der Zuschauer gewählt. Sie gilt als Warn- und Alarmfarbe und zwar deshalb, weil sie die Farbe unseres Blutes ist. Dem Stier ist die Farbe des Tuches völlig gleichgültig.

Obwohl ich im Sternzeichen auch ein Stier bin, geht es mir hierbei etwas anders. Als ich an einer Studie teilnahm, bei welcher der Einfluss von Farben auf unser Empfinden untersucht wurde, musste ich feststellen, dass das Starren auf eine rote Schultafel durchaus mehr erregt als wenn diese wie üblich grün gefärbt ist. Diese Feststellung machte auch die Mehrzahl der übrigen Probanden. Wir Menschen sind allgemein und unabhängig von unserem Sternzeichen „farbfühliger“ als Stiere. Auch das wird den Tieren egal sein. Lehrer hingegen sind, denke ich, dankbar, dass diese psychologische Tatsache bei der Farbgebung der Schultafeln berücksichtigt wurde.

AUCH BEI UNS HEIMISCH:

Säugetiere Europas

Welche Nagetiere gehen gemeinsam auf die „TOILETTE“?

Im Fußballstadion, bei Konzerten, im Kino und bei anderen Veranstaltungen kann man ein menschliches Gruppenverhalten beobachten: Viele Leute gehen gleichzeitig auf die Toilette. Dazu werden Halbzeit-, Film- und Spielpausen genutzt. Zudem die Zeit vor und nach dem Beginn des Events. Der Andrang auf die Sanitäranlagen ist einfach zu erklären: Wir Menschen wollen nichts verpassen und nutzen daher die Pausen. Allerdings sind meistens die Schlangen vor den Toiletten in Pausenzeiten so lang, dass man wohl weniger Zeit der Veranstaltung verpassen würde, wenn man außerhalb der Pausen gehen würde. Unser Gruppenverhalten ist also nicht immer ganz logisch. Ein Stück weit sind wohl alle Menschen von dem Ziel getrieben, sich nichts entgehen zu lassen.

Stärker sozial als egoistisch orientiert sind bei einem gemeinsamen Gang auf die „Toilette“ die für mich niedlichsten Nagetiere der Alpen. Alpenmurmeltiere suchen gemeinsam Nebenhöhlen ihres Winterquartiers auf, um sich zu entleeren. Dieses Verhalten ist für sie sogar lebensnotwendig. Mit Einsetzen des Winterschlafs Ende September fallen die Atmung und der Stoffwechsel der etwa hasengroßen Tiere stark ab. Ihre Körpertemperatur sinkt von circa siebenunddreißig Grad Celsius auf nur noch fünf Grad Celsius. Damit sie bis Ende April überleben können, halten sich die in Familien mit etwa zehn bis zwanzig Tieren lebenden

Alpenmurmeltiere gegenseitig warm. Die erst etwa drei Monate vorher geborenen jüngsten Familienmitglieder sind besonders gefährdet, den ersten Winter ihres Lebens nicht durchzustehen. Darum hat die Natur vorgesorgt: Die älteren Murmeltiere können beim Schlafen Seite an Seite über ihre Haut wahrnehmen, wenn ein Jungtier neben ihnen erkaltet. Dann erzeugen die älteren Tiere wieder mehr Körperwärme, die sie an die Kleinen abgeben.

Etwa alle fünfzehn Tage geschieht etwas noch Erstaunlicheres: Alle Alpenmurmeltiere der Familie erreichen ihre Körpertemperatur von siebenunddreißig Grad und begeben sich nacheinander in Nebenkammern des Winterbaus. Dort urinieren sie, ehe das gemeinsame Schlafen weitergehen kann. So sparen die Tiere Energie, da ohne diese Gemeinsamkeit immer wieder ein „Teil der Heizung", also ein einzelnes Tier, ausfallen würde.

Haben alle Tiere die lange Schlafphase überstanden, gilt es sich im kurzen Murmeltiersommer wieder vollzufressen, da die Nager etwa ein Drittel ihres Gewichts während ihres Schlafes verloren haben. Auch hier hat die Natur besonders gut vorgesorgt: Murmeltiere erkennen nämlich sehr gut, welche Nahrung für sie am zielführendsten ist: Statt Gras fressen sie hauptsächlich Alpenklee, der ihre Fettpölsterchen schneller wiederherstellt.

Auch in der Sommerzeit sind Alpenmurmeltiere überaus gesellige Tiere: Sie erkennen einander am Geruch der Wangendrüsen und warnen sich gegenseitig vor Feinden, wie Adlern und Schlangen, durch pfeifende Warnlaute. Dazu steht oftmals ein einzelnes Murmeltier Wache. Dieses Verhalten konnte ich auch bei Murmeltieren in Tierparks beobachten. Während die meisten Tiere träge wirkten oder fraßen, blickte der Wächter konzentriert in alle Richtungen. Was tut man nicht alles, um die Familie durchzubringen? Bei den Alpenmurmeltieren gehört der gemeinsame Toilettengang sozusagen jedenfalls zur Familienpflicht, um zu überleben. Und das geht ganz von allein durch den inneren Instinkt, ohne dass sich die Nager einen Wecker stellen müssen.

Warum wurden **AFFEN** im Zweiten Weltkrieg vom britischen Militär geschützt?

Affen auf dem europäischen Kontinent? Das klingt erst einmal nach Zootieren. Doch auf Gibraltar gibt es tatsächlich freilebende Berberaffen. Damit sind die auf dem gut acht Quadratkilometer großen Gebiet des Felsens von Gibraltar heimischen Primaten die einzigen wildlebenden Affen Europas. Diese etwa vierzig bis fünfundsiebzig Zentimeter großen, schwanzlosen Affen stammen ursprünglich aus Nordafrika und gelangten wohl durch den Menschen nach Gibraltar. Die gelborangearbenen Kletterer leben eigentlich in Höhen von etwa tausendfünfhundert Metern und mehr. Der Fels von Gibraltar ist aber nur gute vierhundert Meter hoch. Allein diese Tatsachen zu den auf Gibraltar lebenden Allesfressern wären eigentlich bemerkenswert genug.

Doch zudem wurde nicht nur der Bestand der rund zweihundert Affen mehrfach durch Tiere aus Nordafrika ergänzt. Diese wurden sogar einst vom britischen Militär geschützt. 1942 war die Affenpopulation auf Gibraltar kurz vor dem Aussterben, als das Militär neue Tiere aus den während des Zweiten Weltkriegs britisch besetzten Gebieten in Nordafrika heranschaffte. Bis 1999 waren diese dem Londoner Kriegsministerium unterstellt, und ein Offizier kümmerte sich um das Futter und das Wohlbefinden der Tiere. Doch warum hatte das britische Militär ein so großes Interesse an den Affen? Das alles beruhte auf der Legende, nach der die

Engländer ihre militärische Kontrolle über Gibraltar verlören, wenn die letzten Affen vom Felsen verschwänden. Das Eintreten dieses schlechten Omens konnte damals durch den „Militäreinsatz" abgewendet werden.

Doch bedauerlicherweise sind die Berberaffen in ihrem Fortbestand noch immer sehr bedroht, obwohl sich bei den auch Magots genannten Tieren die Männchen mit um den Nachwuchs kümmern und dabei auch für Affenkinder fremder Männchen sorgen. Dies gründet vor allem darauf, dass die Weibchen sich mit mehreren Männchen paaren, sodass sich kein Berberaffe seiner Vaterschaft absolut sicher sein kann. Da ein Weibchen für gewöhnlich aber nur ein Junges bekommt, das bei der Geburt ein schwarz gefärbtes Fell aufweist, sieht es um die Nachkommenschaft der Tiere nicht gut bestellt aus. Obgleich der einzige in Afrika lebende Vertreter der Makaken eigentlich keine natürlichen Feinde besitzt, ist er wegen sich verschlechternder Lebensbedingungen so sehr vom Aussterben bedroht, dass der Handel mit diesen Tieren mittlerweile streng verboten ist.

Wie stark sich Affenmännchen und Affenweibchen voneinander unterscheiden, konnte ich bei einem Besuch im Affenpark in Salem am Bodensee feststellen. Dort leben etwa zweihundert der Tiere. Aus nächster Nähe war der Größenunterschied, der sich auch im Gewicht niederschlägt, offensichtlich. Die größeren Männchen wiegen mit gut zehn Kilogramm etwa doppelt so viel wie die Weibchen. Wie bei uns Menschen werden die weiblichen Tiere in der Regel ein paar Jahre älter. Berberaffen erreichen eine Lebensspanne von etwa fünfundzwanzig Jahren. Obwohl sie gute Kletterer sind, leben sie eher am Boden. Die Nächte verbringen sie hingegen gerne auf Bäumen, Steinen oder in Höhlen. Wie für die Affen auf dem in britischer Hand verbliebenen Felsen, der im Mittelmeer weithin sichtbar über Gibraltar thront, ist auch für die Berberaffen Afrikas zu hoffen, dass sie noch lange in erhöhter Position ein angenehmes Leben haben. Und das auch ganz ohne „Militärschutz".

Welches ist das **KLEINSTE RAUBTIER** der Welt?

Das kleinste Raubtier der Erde? Vielleicht habe ich es schon gesehen, ohne es zu wissen? Abends beim Joggen sehe ich oft Marder, die auf Autodächer klettern oder über die Straße huschen. Einmal hat sich eines der Tiere auch lautstark mit einer Katze auseinandergesetzt. Allerdings ist das kleinste Raubtier der Welt, das Mauswiesel, beinahe so klein, dass es mir eher nicht auffallen würde. Nur elf bis sechsundzwanzig Zentimeter klein werden diese auch bei uns vorkommenden Tiere aus der Familie der Marder. Hinzu kommt ihr zwischen etwa zwei und acht Zentimeter langer Schwanz. Also insgesamt ist das Tier etwa so lang wie ein Lineal. Die allerkleinsten Mauswiesel leben in Nordamerika und Kanada. In Europa, Nordafrika, Asien und Neuseeland, wohin sie mit dem Menschen gelangten, werden die an ihren Lebensraum angepassten Tiere etwas größer. Die Weibchen sind kleiner als die Männchen. Auch ihre Fellfarbe passt sich den Bedingungen in ihrem Lebensraum an: In Gebieten mit winterlichem Schneefall färbt sich das Fell des Mauswiesels während der kalten Jahreszeit weiß.

Wegen der geringen Größe kommt mir direkt die Frage in den Sinn, worauf das kleinste Raubtier wohl Jagd macht? Hauptsächlich hat sich das Tier auf Wühlmäuse und Mäuse, deren Nester es auch gerne als Behausung nutzt, spezialisiert. Auch Schlangeneier, andere Kleinsäuger, kleine Vögel und Eidechsen verschmäht es nicht. Wie viele Räuber aus der weitläufigen Familie der Marder scheut das Mauswiesel nicht davor zurück, auch deutlich größere Tiere anzugreifen.

Das ist schon mancher Ratte und manchem Kaninchen zum Verhängnis geworden. Im Gegenzug dazu wird das Mauswiesel von Greifvögeln, Eulen oder dem Hermelin gejagt.

In manchen Regionen Deutschlands, Österreichs und in der gesamten Schweiz darf das Mauswiesel vom Menschen nicht gejagt werden, da die Anzahl an freilebenden Tieren rückläufig ist. Ein Wiesel kann in der Natur etwa bis zu fünf Jahre alt werden. Bei ihrer Geburt sind die drei bis zehn Jungen eines Wurfes nur eineinhalb Gramm schwer. Sie kommen blind zur Welt. Nach zwei bis drei Monaten gehen sie ihrer eigenen Wege.

Da es sich bei den Mardern, die sich an Autos zu schaffen machen, meistens um die größeren Steinmarder handelt, habe ich wahrscheinlich noch nie ein freilebendes Mauswiesel gesehen. Die beiden sehen sich aber auch ziemlich ähnlich. Neben dem Größenunterschied ist der Steinmarder aber fast komplett braun gefärbt und hat nur einen weißen Streifen im Halsbereich. Das Fell des ebenfalls braunen Mauswiesels ist am kompletten Unterleib weiß gefärbt. Das hätte ich beim Joggen aufgrund meines Tempos, wie ich zumindest meine, ohnehin nicht erkannt.

Als Jäger von Schädlingen wird das Mauswiesel mittlerweile recht gerne gesehen. Früher war dies anders: Man hielt das Fauchen des kleinen Räubers für ein Zeichen, dass es vom Teufel besessen sei. Angesichts seiner geringen Größe und da ich nicht besonders abergläubisch bin, würde mich das Geräusch aber nicht besonders beeindrucken.

Wer trägt das **LÄNGSTE FELL** der Welt?

?

Die Tundra ist eine flache und nahezu baumlose Landschaft. Darüber hinaus ist die Region am Rande des Nordpolarmeeres auch sonst ein lebensunwirtlicher Ort. Es herrschen meist Minusgrade, und der Boden bleibt ganzjährig gefroren. Zudem scheint die Sonne an manchen Tagen fast überhaupt nicht. Da wundert es mich als Freund warmer Sommertage nicht, dass einige Tiere, wie etwa das Rentier, in den kalten Monaten diese Region verlassen und in wärmere Gefilde wandern.

Ein Tier aber hat sich bestens an diese Lebensbedingungen angepasst: der Moschusochse. Dieser etwa zwei Meter lange und eine Schulterhöhe von um die eineinhalb Meter erreichende Hornträger hat den eisigen Temperaturen das längste Fell aller Säugetiere entgegenzusetzen.

Der Pelz des Moschusochsen besteht aus einer dichten Unterwolle, über der er lange Deckhaare trägt. Einzelne Deckhaare können über einen Meter lang sein. So kann das Tier das ganze Jahr über in diesen Regionen aushalten. Mit seinen kräftigen Hufen kann der Ochse ganzjährig im Schnee nach Nahrung graben und sich an Gräsern, Blättern, Kräutern und Blüten gütlich tun. Auch Samen, Knollen, Wurzeln und Rinde gehören zur Nahrung dieser Tiere, ebenso wie Moose und Flechten. Nach einer etwa zweistündigen Nahrungsaufnahme legen die Tiere eine etwa gleich lange Pause ein, in der sie

wiederkäuen. Auch das Fell des Moschusochsen passt sich den Witterungsbedingungen an. Im Sommer ist das Fell dünner und von gelbbrauner, im Winter dagegen dicker und von dunkelbraun-schwarzer Färbung.

Der Name Moschusochse kommt von einer Substanz im Urin, den die Bullen zur Paarungszeit abgeben. Diese hat einen „moschusartigen" Geruch. Der für Parfüm und Seifen verwendete Moschus stammt aus dem Sekret der vor allem im Himalaya vorkommenden, deutlich kleineren Moschustiere. Anders als diese ist der Moschusochse nahe mit den Ziegen verwandt.

Die Hauptregionen, in denen der Moschusochse vorkommt, sind Alaska, Kanada, Grönland und Sibirien. Einige wenige Tiere leben auch in Skandinavien. Da erwachsene Tiere etwa dreihundert Kilogramm auf die Waage bringen und sowohl die Männchen als auch die kleineren Weibchen Hörner tragen, hat der Moschusochse kaum natürliche Feinde. Die Jungtiere, die mit nur etwa fünfzehn Kilogramm Körpergewicht das Licht der Welt erblicken, werden bei Gefahr von der ganzen Herde verteidigt. Diese bildet um die Kleinen herum einen Verteidigungsring. Wenn solch eine lebende Mauer an Horntieren vorrückt, kann ich mir gut vorstellen, warum einem Bären oder Wolf die Lust auf ein Moschuskalb vergehen kann.

In den Sommermonaten bestehen die Herden aus etwa zwanzig Tieren. Nur der Leitbulle kommt in der Paarungszeit zum Zug. Deshalb liefern sich männliche Tiere im Juni erbitterte Rangkämpfe um die Weibchen. Im Winter finden sich bis zu einhundert Moschusochsen zusammen. Das ist auch gut so, denn so können sie sich besser gegen Raubtiere verteidigen, die nun mangels Alternativen deutlich risikofreudiger werden.

Wegen ihrer enormen Anpassungsfähigkeiten stapfen Moschusochsen seit der Eiszeit über unserem Planeten. Wie ich auch gehen sie im Sommer tatsächlich gerne schwimmen. Allerdings auf eine etwas andere Art: Ähnlich wie unsere Wildschweine lieben es die Tiere, sich im Schlamm zu suhlen.

RENTIERE Warum essen Bananen?

Das in Skandinavien, Russland und Asien lebende Rentier aus der Familie der Hirsche frisst für gewöhnlich Flechten, Pilze, Moose und Gräser. Doch auch eine Südfrucht, die Banane, hat es dem Gaumen dieses Wiederkäuers besonders angetan. Wie aber kommt es, dass ein Tier, welches in der Kälte lebt, solch eine Vorliebe für eine Obstsorte aus den Tropen hegt?

Damit ist das Rentier unter den Hirschen nicht allein. Seine Vorliebe für Bananen teilt es mit vielen weiteren Hirscharten. Diese werden in Wildgehegen tatsächlich oft mit Bananen gefüttert. Damit, dass auch andere Hirsche gerne Bananen essen, ist die Frage nach den Speisevorlieben der Rentiere aber noch nicht beantwortet. Hier hilft es, den Blickwinkel einmal zu verändern, nämlich durch eine genaue Betrachtung der Banane als Nahrungsmittel: In Wildgehegen gehaltene Rentiere bekommen die gewöhnlichen Speisebananen, die auch wir im Supermarkt kaufen, zu fressen. Diese haben einen hohen Gehalt an Kalzium, Zucker und Vitaminen. Darum ist der Verzehr von Bananen stoffwechselregulierend und liefert zudem, dank des hohen Zuckergehalts, schnell Energie. Ein Rentier kann dies natürlich nicht wissen, aber viele Tiere mögen süßes Obst und andere süße Speisen von Geburt an. Dies ist wohl von der Natur so eingerichtet, um sicherzustellen, dass Speisen bevorzugt werden, die schnell Energie liefern.

Auch uns Menschen ist diese Vorliebe für zuckerhaltige Nahrung angeboren. Die Jäger und Sammler der Steinzeit benötigten häufig schnell Energie zum Jagen oder zur

Flucht vor Raubtieren. Diese schnell verfügbare Energie erhalten wir durch zuckerhaltige Speisen. Deshalb kann unser Geschmacksinn als zweckdienlich bezeichnet werden – in der modernen Wohlstandsgesellschaft wird uns das allerdings in Form von ungesunden Fettpölsterchen zum Verhängnis.

Auch Rentiere benötigen schnell verfügbare Energie. In freier Wildbahn müssen sie sich nicht nur durch Energie und ihr dickes Fell warm halten, sondern neben den langen Wanderungen, die sie zurücklegen, gelegentlich auch vor Raubtieren flüchten. So würde manch ein Bär, Wolf, Luchs oder Vielfraß seinen Speiseplan gerne durch ein erlegtes Rentier bereichern. Doch gesunde Rentiere können diesen Bedrohungen eigentlich immer davonlaufen. Zu den Fressgewohnheiten der Rentiere kommt hinzu, dass sie allgemein nicht wählerisch sind. Wildlebende Tiere fressen im Sommer beinahe alles, was ihnen an pflanzlicher Nahrung unterkommt. Da sie auch Pilze verzehren, die sie in einen drogenähnlichen Rausch versetzen, kann man sie sogar als Junkies bezeichnen. Da ist es sehr praktisch, dass sie während der Wanderungen im Herbst und im Winter in großen Gruppen von bis zu hunderttausend Tieren zusammen sind. Das garantiert nämlich, dass zumindest einige Tiere des Verbands „nüchtern" bleiben und Fressfeinde wahrnehmen können.

Im Winter, wenn die Rentiere ihre Wanderungen abgeschlossen haben und sich in südlicheren Gefilden aufhalten, zerstreuen sich die Herden zu kleinen Gruppen von zehn bis einhundert Tieren. Das ist auch die Zeit, in der ihr Speiseplan sehr eintönig wird und sich aufgrund des Schnees beinahe auf die nach ihnen benannte Rentierflechte beschränkt. Diesbezüglich haben es Rentiere in Wildgehegen deutlich besser: Sie können sich zu jeder Jahreszeit an Bananen gütlich tun.

Können MAULWÜRFE tauchen?

Bei einer geführten Bergtour während eines Urlaubs in den Bayrischen Alpen habe ich zum ersten Mal einen Maulwurf in der freien Natur gesehen. Der Bergführer erklärte gerade etwas zu einigen am Hang wachsenden Kräutern, unter anderem der Bärwurz, wenn ich mich richtig erinnere. Was mir viel deutlicher im Gedächtnis blieb, war der Anblick, der seine Ausführungen unterbrach. Aus der Erde schossen gleich zwei oder drei Regenwürmer an die Oberfläche. Ihnen folgte in einem beachtlichen Tempo ein um sich schnuppernder Maulwurf, der einen Regenwurm mit dem Maul packte und gleich darauf wieder in der Erde verschwand. Besonders seine Schnelligkeit, seine schnuppernde Schnauze und sein hübsch glänzendes Fell blieben mir in Erinnerung.

Ein dunkelgrau schimmerndes Fell hat auch der Desman, der zu den Maulwürfen gehört. Der im namensgebenden Gebirge und in Nordportugal und Spanien lebende Pyrenäendesman (*Galemys pyrenaicus*) ist aber weniger ein unterirdischer Jäger, sondern fängt gerne schwimmend seine Beute. Der Pyrenäendesman bringt etwa vierzig bis achtzig Gramm auf die Waage. Damit ist er etwas leichter als der Europäische Maulwurf. Er wird rund fünfzehn Zentimeter lang und hat einen Schwanz, der etwa die gleiche Länge wie sein Körper hat. Diesen benutzt er, um zu steuern, wenn er durchs Wasser paddelt. Dort jagt er nachts nach Insekten, Wasserschnecken, Würmern und kleinen Fischen. Seine sehr großen Hinterfüße, an denen er Schwimmhäute hat, rudern zum Vorwärtskommen, während die kürzeren Vorderfüße am Körper anliegen. Seine rüsselartige Nase ist bestens für die Jagd im Wasser geeignet: Der Pyrenäendesman kann seine Nasenlöcher nämlich verschließen.

Wie der Maulwurf hat auch dieser Insektenfresser kleine Augen und sieht nur sehr schlecht. Zur Verständigung mit seinen Artgenossen benutzt er ein moschusähnliches Sekret, das er an der Unterseite seines Schwanzes absondert. Mit diesem markieren die in Paaren oder als Einzelgänger lebenden Tiere ihr Revier, das an einem Fluss oder stehenden Gewässer liegt. Diese können sich in Höhen von dreihundert bis zu über zweitausend Metern befinden. Der Pyrenäendesman bewohnt einen am Wasser befindlichen Bau, den er um unterirdische Gänge erweitert. Anders als die uns bekannten Maulwürfe gibt er sich mit einem Eingang zufrieden und wirft keine Erdhügel auf. Auch sonst ist er bei diesem Thema bequemer als sein bei uns lebender Verwandter. Er nutzt am liebsten vorhandene Felsspalten, Erdhöhlen oder den Bau von Schermäusen als Quartier. Hier bringt das Weibchen am Ende des Frühlings ein bis fünf Junge zur Welt. Diese werden nackt und zahnlos geboren.

Obwohl ich gerne Schwimmen gehe, stehen meine Chancen, einen freilebenden Desman zu sehen, eher schlecht. Sowohl der Pyrenäendesman als auch der etwas größere Russische Desman mit bräunlicherem Fell zählen zu den bedrohten Tierarten. Auch war ich bisher noch nie in den Regionen, in denen Desmane leben. Zu guter Letzt bin ich nachts im Wasser sprichwörtlich „blind wie ein Maulwurf".

? Welche Nagetiere helfen sich gegenseitig als „HEBAMMEN"?

**Eier mit harter Schale, Beutel zum Herumtragen, langes Bewachen des Nachwuchses, Verzicht der Elterntiere auf Nahrung, um die Jungen durchzubringen ...
Die Natur hat sich so einiges einfallen lassen, damit Tiere ihren Nachwuchs durchbringen.**

Wie die Stachelmäuse ihre Jungen versorgen, ist aber überaus verblüffend. Diese Nager bringen ihren Nachwuchs erst nach etwa siebenunddreißig Tagen Tragezeit zur Welt. Darum sind die kleinen Mäuse auch bereits etwas weiter in ihrer Entwicklung, als dies bei anderen Mausarten der Fall ist. So öffnen sie bereits nach etwa zwei Tagen ihre Augen. Stachelmäuse werden zu den Nestflüchtern gezählt, da die ein bis fünf Neugeborenen der Mutter bereits nach der Geburt folgen, wobei dies nicht zwangsläufig die wirkliche Mutter sein muss. Weibliche Stachelmäuse betätigen sich bei der Geburt nämlich als „Hebammen“ oder versuchen sogar, Jungtiere einer Artgenossin zu adoptieren. Dieses unter Säugetieren einmalige Verhalten führt dazu, dass ein Stachelmausbaby bei allen Muttertieren der Gruppe Muttermilch trinken kann. Das erhöht die Chance der Tiere, das Erwachsenenalter zu erreichen, da so für die drei Wochen, in denen die Jungmäuse gesäugt werden, fast immer eine „Nahrungsquelle“ verfügbar ist.

Die wie unsere Hausmäuse etwa sieben bis siebzehn Zentimeter - den ungefähr zehn Zentimeter langen Schwanz nicht mitgerechnet - großen Stachelmäuse kommen in mehreren Regionen der Erde vor. Es gibt Populationen von Stachelmäusen auf Kreta, auf Zypern, in Teilen Afrikas und in manchen arabischen Ländern. Wie viele Arten der Stachelmäuse es genau gibt, ist umstritten, da es schwer fällt zu unterscheiden, ob es sich um eine neue, eigene Art oder eine Untergruppe handelt, die je nach Lebensraum etwas anders aussieht. Sie könnte sich zum Beispiel in ihrer Fellfarbe wegen der örtlichen Bedingungen unterscheiden. Man geht von etwa fünfzehn Arten aus. Die Tiere bevorzugen sandige und felsige Regionen, gerne auch Küstenbereiche. In gebirgigen Regionen kommen sie nicht vor. Zudem dringen sie ab und an in Häuser ein, was ihrer Beliebtheit nicht gerade förderlich ist. Allerdings können die Stachelmäuse, die ein hellgelbes, braunes, graues oder auch fast schwarzes Fell besitzen, auch als Haustiere gehalten werden.

Allen Stachelmausarten ist gemein, egal, wo sie vorkommen, dass sie an einigen Stellen des Körpers die namensgebenden stacheligen Haare haben, wobei diese je nach Art über den ganzen Rücken oder nur an Teilen, vor allem am hinteren Rücken, wachsen. Wozu genau die Mäuse diese Borsten tragen, ist strittig. Vor Fressfeinden, wie etwa Schlangen, schützen sie die kleinen Nager jedenfalls nicht. In Tierparks gehaltene Stachelmäuse können etwa drei Jahre alt werden, in der freien Natur erreichen die Tiere kein ganz so hohes Alter.

Die Stachelmäuse sind für mich ein Beleg dafür, dass auch das gegenseitige Helfen zum Erfolg führt und nicht immer der „Einsatz von Ellenbogen" nötig ist.

Welcher JÄGER schleppt seine Beute, die bedeutend schwerer als er selbst ist, viele Kilometer weit mit sich?

Der Urmensch hat im Laufe seiner Entwicklung gelernt, schwere Lasten, etwa mit der Hilfe von Tragen aus Fellen oder Ästen, zu transportieren. Seit der Erfindung des Rades, bereits vor dem Jahr 3000 vor Christus, fiel dies noch leichter. Da diese Menschen bekanntermaßen Jäger und Sammler waren, ist es nur folgerichtig, dass es beim Transport schwerer Lasten vorerst um Nahrung, wie zum Beispiel erlegtes Wild, ging. Ein tierischer Jäger kann ganz ohne Trage oder andere technische Hilfsmittel seine Beute über viele Kilometer weit mit sich schleppen. Und das, obwohl die von ihm erlegten Tiere häufig deutlich größer und schwerer sind als er selbst.

Dieses Raubtier ist ein Überlebenskünstler, der in den Nadelwäldern des Nordamerikanischen Kontinents, in der baumarmen Taiga oder auch in hohen Gebirgslagen überleben kann: der Vielfraß. Neben Nordamerika durchstreifen Vielfraße auch manche Gegenden Skandinaviens und der nördlichen Hälfte Asiens. Sehr zum Leidwesen seiner Beute kann er Rentiere oder Elchkälber auch durch schneebedecktes Gelände kilometerweit verfolgen. Sein Traben im Schnee mag etwas an den Gang von Pferden erinnern, doch der

Vielfraß ist, im Gegensatz zum Ross, keinesfalls zum menschlichen Weggefährten geeignet. Seine Maße und sein Gewicht können zwar noch nicht so sehr erschrecken, denn Vielfraße werden etwas über einen Meter lang und erreichen ein Gewicht, das bei Weibchen etwa zwanzig, bei den größeren und noch muskulöser gebauten Männchen bis zu dreißig Kilogramm beträgt. Doch der größte aller Marder, der das Tausendfache des Mauswiesels, des kleinsten Vertreters dieser Tierart, wiegt, ist sehr aggressiv und weicht auch vor größeren Raubtieren wie Wölfen, Grizzlybären oder Pumas nicht zurück. Neben seinen Pranken benutzt er seinen enorm beißkräftigen Kiefer, um anderen Tieren an die Kehle zu springen. Als wäre dies nicht genug, verteidigen sich Vielfraße zusätzlich auch mit einem stinkenden Geruch, den sie aus Drüsen absondern.

Das klingt zunächst nach einem unangenehmen Gesellen, doch der Vielfraß hat auch einige sehr beeindruckende Verhaltensweisen. Sein Pelz ist besonders feuchtigkeitsabweisend, was dem Tier bei Eis und Schnee zugutekommt. Vor allem, da er keinen Winterschlaf in einem warmen Bau hält, sondern höchstens in etwas südlichere und wärmere Gefilde seines riesigen Reviers ausweicht.

Doch für mich ist seine bemerkenswerteste Leistung sein Umgang mit erlegten Tieren. Dank seiner Muskelkraft kann er deutlich größere und schwerere Beute fortschleppen. Was er nicht sofort verzehrt, zieht er kilometerweit mit sich, um Reste in der Nähe seines Baus zu horten. Wegen diesem Verhalten wurden ihm möglicherweise sein Name und seine weiteren Benennungen wie Gierschlund und Gierling zuteil. Der auch pflanzliche Kost und Aas nicht verschmähende Marder ist aber weniger gefräßig als vielmehr der „Hamster“ unter den Raubtieren. Seine Jungen, die blind zu Welt kommen und zu Beginn ihres Lebens wie manche Hamsterrassen ein weißes Fell haben, wiegen bei ihrer Geburt nur etwa einhundert Gramm. Wie viel Gewicht diese Tiere später einmal mit sich schleppen können, sieht man ihnen da gewiss noch nicht an.

Heulen **WÖLFE** nachts den Mond an?

Blutsaugende Vampire, wiederbelebte Mumien, spukende Geister und heulende Werwölfe – ja, ich gebe es zu, Fantasy- und Horrorbücher oder -filme lese und schaue ich gerne. Zumindest Vampire gibt es wirklich. Nun ja, fast. Einige Fledermausarten saugen tatsächlich Blut, wobei sie Tiere als „Opfer" auswählen und diese weder daran sterben noch sich in Vampire beziehungsweise Fledermäuse verwandeln. Der Glaube an Werwölfe, also Menschen, die sich nachts, vorzugsweise um Mitternacht und bei Vollmond, in Wölfe verwandeln und am Morgen wieder ihre ursprüngliche Gestalt annehmen, geht ebenfalls auf ein reales Tier, den Wolf, zurück.

Doch was steckt hinter der Aussage, dass Wölfe nachts den Mond anheulen würden? Diese Meinung ist in die Sagen und Legenden von Werwölfen wahrscheinlich eingeflossen. Ist das alles nur ein Mythos oder heulen Wölfe tatsächlich den Mond an? Und wenn ja, warum? Tatsächlich kann man das Heulen von Wölfen vor allem nachts weithin hören, doch geht es ihnen dabei nicht darum, den Mond anzuheulen. Mit ihrem Heulen locken Wölfe neue Partner zur Paarung an oder stärken damit die Bindung zum aktuellen Partner. Im Februar und März heulen Wölfe besonders häufig, denn da beginnt ihre Paarungszeit. Vermutlich entstand dieser Irrglaube, da unsere Urahnen in den mondhellen Nächten das Geheule der Wölfe besonders gut beobachten und hören konnten.

Heulende Wölfe werfen den Kopf in den Nacken, damit sie lauter zu hören sind. Das wirkt dann optisch so, als würden sie den Mond anheulen. Einzelne Wölfe sind bis zu zehn Kilometer weit zu hören. Wenn gleich ein ganzes Rudel heult, kann das ziemlich laut sein und bedrohlich wirken. Besonders in den Sommermonaten kommunizieren Wolfsrudel auf diese Weise.

Das hat seit jeher die Fantasie der Menschen angeregt, und zahlreiche Geschichten ranken sich um die engen Verwandten unserer Haushunde. Der erste „böse Wolf“, von dem ich hörte, ist wohl der Pelzträger aus dem Märchen Rotkäppchen. Doch nicht immer sind Wölfe in den Erzählungen böse. Auch das Wolfsrudel, bei welchem Mogli, der Held aus dem Dschungelbuch, aufwächst, kommt mir direkt in den Sinn.

Die beliebten Twilight-Filme habe ich bisher nicht geschaut. Dennoch weiß ich, dass es in ihnen einen mehr oder weniger „guten“ Werwolf gibt. Erzählungen über gute Werwölfe sind aber nicht neu. Im 12. Jahrhundert schrieb Marie de France in einer kurzen Erzählung über einen guten Werwolf namens Bisclavret. Dieser kann sich nur durch das heimliche Anlegen seiner Kleider vom Wolf zurück in einen Menschen verwandeln. Seine untreue Frau entwendet die Kleider ihres Gatten, und er muss ein Wolf bleiben. Am Ende jedoch erlangt er seine Kleider und damit seine menschliche Gestalt zurück und bestraft seine Gattin, indem er sie verbannt.

Von den realen Wölfen fasziniert mich der scheue Mähnenwolf am meisten. Der größte Wildhund Südamerikas, der eine hübsche dunkle Mähne und rotbraunes Fell hat, ist mit dem Wolf allerdings nicht sehr nahe verwandt. Im Zoo gehört es noch heute zu den Highlights für mich, wenn ich das hochbeinige, geradezu elegant einherschreitende Raubtier sehe. Immer wenn er bei einem meiner Zoobesuche nur scheu in seiner Behausung bleibt, bin ich etwas enttäuscht. Der Mähnenwolf ist dämmerungs- und nachtaktiv. Dennoch heult auch dieser Geselle, der den „Wolf“ zumindest im Namen führt, nicht den Mond an.

VON AMEISENBÄR BIS ZEBRA:

Säugetiere aus aller Welt

Welches Tier benutzt seinen Schwanz als „KUSCHELDECKE“?

Für alle Temperaturen gewappnet zu sein, klingt schon einmal gut. Dabei sogar nicht an das Zusammenpacken und Herumtragen lästigen Gepäcks denken zu müssen, noch besser. Was etwas nach einem Widerspruch an sich anmutet, ist für ein Tier Wirklichkeit geworden. Der Große Ameisenbär hat sich in seiner langen evolutionären Entwicklung – Ameisenbären gibt es auf unserer Erde schon seit über fünfzig Millionen Jahren – einige Tricks zugelegt.

Gut einen Meter lang, den etwa achtzig Zentimeter langen Schwanz nicht mitgerechnet, und rund zwanzig bis vierzig Kilogramm schwer können diese Vertreter der Zahnarmen werden. Diese Bezeichnung für eine Tiergruppe, der auch die ebenfalls aus Südamerika stammenden Faultiere angehören, ist allerdings etwas irreführend. Faultiere besitzen noch wurzellose Backenzähne, wohingegen der Ameisenbär überhaupt keine Zähne aufweist. Die benötigt er auch nicht. Ganz anders als seine klebrige, etwa sechzig Zentimeter lange Zunge. Mit dieser gelangt er tief in Ameisen- und

Termitenbauten, um seine Lieblingsspeise, die an der Zunge festklebt, herauszuschlecken. Etwa dreißigtausend Ameisen oder Termiten vertilgt der Große Ameisenbär täglich. Er ist ein reiner Bodenbewohner. Die ebenfalls zu den Ameisenbären zählenden Tamundas und vor allem der Kleine Ameisenbär leben auch auf Bäumen. Ein Großer Ameisenbär hat mit den „echten" Bären überhaupt nichts gemein. Er ist schwarzbraun gefärbt und hat weiße Vorderbeine. Sein Kopf erinnert an einen bananenförmigen Rüssel. Diese Form dient ihm wie seine Zunge dazu, besser an seine Nahrung zu gelangen.

Über die Schulter zieht sich eine auffällige schwarzweiße Zeichnung. Sie dient der Tarnung des Jungtieres. Es wird von der Ameisenbärenmutter bis zu neun Monate auf ihrem Rücken getragen. Das Kleine positioniert sich genau so, dass seine schwarze Schulterzeichnung in diejenige auf dem Fell der Mutter übergeht. So können Raubvögel, wie etwa Harpyien, aus der Luft nicht erkennen, dass die Mutter ihr Junges bei sich hat. Auch am Boden ist das Tier sehr wehrhaft. Wenn sich ein Großer Ameisenbär auf seinen Hinterpfoten stehend aufrichtet und mit den scharfen, langen Vorderkrallen zuschlägt, weichen auch Jaguare und Pumas zurück. Seinen Schwanz gebraucht der Termitenfresser, um bei seiner Verteidigung die Balance zu halten. Normalerweise hat der Schwanz des Tieres aber eine ganz andere Funktion: Es kann sich mit ihm wie mit einer Decke zudecken. Dafür graben Ameisenbären eine kleine Kuhle, rollen sich darin zusammen und legen ihren Schwanz einfach über den Körper. Im heißen Regenwald benötigt er seine kuschelige Decke aber eher als Tarnung und weniger wegen kalter Temperaturen. So versteckt kann der Ameisenbär bis zu fünfzehn Stunden des Tages verbringen.

Mit diesen langen Ruhephasen ähneln sie ihren Verwandten, den Faultieren. Anders als diese sind sie aber mehr auf die Pflege ihres Fells und ihres Schwanzes bedacht, wozu sie ihre Vorderkrallen, ähnlich wie eine Bürste oder einen Kamm, einsetzen können. Kein Wunder, da ich bei so langen Ruhepausen das Bedürfnis nach einer bequemen Decke verstehen kann. Die Ameisenbärin Elise aus der Serie „Der rosarote Panther" hat übrigens keine solche zur Verfügung. Elise ist nämlich ein Erdferkel und kein Ameisenbär. Diese fressen zwar auch leidenschaftlich Ameisen, doch stammen sie aus Afrika. Wie auch mit der Farbe des Panthers nahm das Fernsehen es mit der Realität nicht so genau.

Welche riesigen ERNTESCHÄDLINGE lassen sich durch Chilischoten vertreiben?

?

Anders als der kleinere Asiatische Elefant lässt sich der in Afrika heimische Dickhäuter nicht vom Menschen zähmen und zum Arbeiten nutzen. Ganz im Gegenteil: Die umherziehenden Elefantenherden können als wahrhaft fatale Ernteschädlinge bezeichnet werden. Ein Begriff, bei dem man zuerst an kleine Tiere wie Heuschrecken und Mäuse denkt. Doch die in Afrikas Savannen, Wäldern und Wüsten lebenden Tiere sind wirklich eine Gefahr für Plantagen und Felder. Die etwa sieben Meter langen und bis zu vier Meter hohen Männchen können bis zu zehn Tonnen auf die Waage bringen. Elefantenweibchen sind deutlich kleiner und etwa um die Hälfte leichter. Doch auch weibliche Kolosse der größten Landsäuger unserer Erde zertrampeln nahezu alles, wenn sie über die Felder der ortsansässigen Bevölkerung herfallen.

Viele afrikanische Länder haben daher mit unterschiedlichen Methoden versucht, Elefanten von ihren Erntegebieten fernzuhalten. Den größten Erfolg konnte man mit Chilischoten erzielen. Diese werden mit Mist zusammen rund um die Felder verbrannt. Der scharfe Geruch vertreibt jeden Elefanten, der diesen in seinen Rüssel bekommt. Trotz weithin hörbarem Aufheulen werden die Tiere durch den „Chilirauch" nicht verletzt. Das ist auch sehr zu wünschen, denn in Afrika leben etwa nur noch gut vierhunderttausend Savannen- und Waldelefanten. Bei den afrikanischen Elefantenarten tragen beide Geschlechter Stoßzähne. Die kleinsten Vertreter der Elefanten, die Waldelefanten, die vorwiegend in den Regenwäldern Ostafrikas leben, haben die härtesten und damit begehrtesten. Auch die großen Savannenelefanten werden wegen ihrer imposanten „Elfenbeinhauer" stark gejagt. Wenn also die Abwehr von Elefantenfamilien und den meist einzelgängerisch lebenden Bullen ohne Verluste von Elefantenleben ablaufen kann, haben sowohl Mensch als auch Tier durch diese Methode viel gewonnen.

Bis ein Elefant erst einmal erwachsen ist, dauert es eine lange Zeit. Mit rund zweiundzwanzig Monaten haben Elefanten die längste Tragezeit unter allen Säugetieren. Ein Jungtier wird bis zu vier Jahre lang gesäugt und behält auch über diese Spanne hinaus eine enge Bindung zu seiner Mutter. Die etwa siebzig Jahre alt werdenden Dickhäuter, deren schützende Haut an manchen Stellen gute fünf Zentimeter dick ist, wachsen bis ins hohe Alter hinein. Erwachsene Tiere legen bis zu ihrem Ableben noch über fünfzig Zentimeter an Größe zu. Am faszinierendsten finde ich an den Tieren aber ihren Rüssel. Mit diesem rein aus Muskeln bestehenden Körperteil können Elefanten selbstverständlich riechen, aber auch tasten, greifen und sich mit Wasser oder Schlamm bespritzen. Letzterer dient ihnen auch als Sonnen- und Parasitenschutz. Schließlich können Elefanten auch über ihre Rüssel kommunizieren. Ob sie bereits ein Signal für „Achtung, Chiligeruch" untereinander vereinbart haben?

Solch eine Warnung kann natürlich auch ignoriert werden, was mich an ein Erlebnis bei einem Schulausflug in unsere Hauptstadt erinnert. Eine Würstchenbude warb dort damit, die schärfste Currywurst Deutschlands anzubieten. Bei den zehn angegebenen Schärfegraden wurde auch gewarnt, dass ab einer gewissen Schärfe sogar ein gesundheitliches Risiko bestehe. Ein Klassenkamerad, der bereits eine Wurst der „Stufe Zwei" gut überstanden hatte, wagte sich gleich an ein Exemplar eines deutlich höheren Schärfegrades. Nach nur einem Bissen von diesem lief sein sonst bleiches Gesicht feuerrot an, woraufhin er einen Fünfzig-Euroschein über den Tresen gab und mit krampfhaft erstickter Stimme nach „Kaba" verlangte, der ihm dann auch tatsächlich Linderung verschaffte. Da Elefanten aber bereits der Geruch der Chilis abschreckt, würden sie wohl nie auf die Idee kommen, diese feurigen Schoten zu vertilgen.

Wo leben KÄNGURUS mit kurzen Beinen?

Da ich nicht gerade groß gewachsen bin, habe ich dementsprechend kurze Beine. Bei mir hat das keinen besonderen Effekt bezüglich meiner Lebensweise. Deshalb bin ich zum Beispiel noch lange kein gewandter Kletterer.

Ganz anders die Baumkängurus: Diese kurzbeinigen Tiere entwickelten sich aus ihren am Boden hüpfenden Verwandten. Das ging einher mit der Anpassung ihres Körperbaus an ihren Lebensraum, die Baumkronen in den Regenwäldern. Ihre Hinterbeine sind relativ kurz und breit, dafür sind die Arme der Baumkängurus besonders stark. So können die Tiere auf waagerechten Ästen balancieren oder senkrecht klettern. Dazu umfassen sie den Ast eines Baumes mit allen vieren und ziehen sich nach oben oder hangeln sich so an diesem hinab. Baumkängurus sind die größten Beuteltiere, die auf Bäumen leben. Zudem können Baumkängurus auch am Boden hüpfen. Zwar nicht ganz so weit, aber immerhin.

Bisher wurden vierzehn Arten der Baumkängurus entdeckt. Sie werden gerne mit Koalas verwechselt, und wenn ich mir die Tiere in Videos anschaue, kann ich das gut nachvollziehen. Ist lediglich der Kopf des Tieres zu sehen, würde ich immer auf einen Koalabären tippen. Sehe ich dann das ganze Tier, wie es sich über Äste fortbewegt, erinnert es mich etwas an meinen verstorbenen Kater. Der dickliche Stubentiger kletterte auch immer etwas behäbig, aber sehr elegant über das Balkongeländer.

Die meisten Baumkängurus leben nicht in Australien, sondern klettern in Papua-Neuguinea. Wenige Exemplare gibt es auch in Indonesien. Ihr Lebensraum wird immer mehr vom Menschen eingeschränkt. Zudem wird Känguru-fleisch noch immer gegessen. Aus diesen Gründen sind manche Arten der Baumkängurus vom Aussterben bedroht. Zum Glück sind Schutzmaßnahmen eingeleitet worden und die Bestände mancher Arten haben sich jüngst etwas erholt.

Die meisten Baumkängurus haben ein dunkelgraues oder fast schwarzes Fell. Das rotbraun-weiß gefärbte Goodfellow-Känguru ist ein schlankes Baumkänguru. Etwa acht Kilogramm verteilen sich auf einen circa achtzig Zentimeter langen Körper. Goodfellow-Kängurus können in den Zoos von Frankfurt und Berlin bewundert werden. Zootiere sollen sich sogar ziemlich zutraulich von ihren Pflegern streicheln lassen oder diesen auf den Schoß klettern. Wieder eine Gemeinsamkeit mit meinem Kater. Wobei Baumkängurus nicht aus Zuneigung zu schnurren anfangen, sondern vielmehr von ihrer Neugier und der Aussicht auf Futter getrieben werden.

Allen Baumkängurus gemeinsam ist ihre vegetarische Lebensweise. Manche Arten ernähren sich hauptsächlich von Blättern und Baumfrüchten. Andere steigen abends von den Bäumen und fressen am Boden. Zudem sind Baumkängurus dämmerungs- und nachtaktiv. Tagsüber spannen sie versteckt in Bäumen aus, während sie abends munter werden. Und wie: Angeblich sollen die Tiere schon aus Höhen von achtzehn Metern auf den Waldboden gesprungen sein, ohne sich zu verletzen. Jedenfalls können sie sehr gut von Baum zu Baum hüpfen, worauf auch ihr wissenschaftlichere Name *Dendrolagus* zurückgeht. Dieser bedeutet „Baumhase".

Von meinen wenigen Touren in Kletterparks war ich immer ziemlich erschöpft und nicht so sehr begeistert. Da reizt es mich deutlich mehr, mir die Könner auf diesem Gebiet einmal live im Tierpark anzuschauen.

Welche großen **TIERE NORDAMERIKAS** wären in nur fünfzig Jahren fast ausgestorben ?

Die beinahe traurigste Geschichte großer Tierarten ist jene der Bisons Nordamerikas. Diese bis zu zwei Meter großen, etwa drei Meter langen und beinahe eine Tonne schweren Tiere lebten vor dem Eindringen der weißen Siedler in millionenstarker Zahl in der Prärie des nordamerikanischen Kontinents. Die in großen Herden umherziehenden Pflanzenfresser ernähren sich fast ausschließlich von Gras. Doch wie die endlos scheinende Prärie zunehmend verschwand, so verschwanden auch die Bisons immer mehr. Etwa sechzig Millionen der „Indianerbüffel" stapften einstmals durch diese Regionen, doch im Gegensatz zu den Ureinwohnern nutzten die Weißen erlegte Bisons kaum als Kleidungs- und

Nahrungsquelle. Vielmehr wurde die Bisonjagd ein sportliches Vergnügen der Reichen. Die fast schon exzessiv betriebene Ausrottung der Tiere war zeitweise auch politisch gewollt, um widerspenstigen Indianerstämmen die Lebensgrundlage zu entziehen. Diese waren, je nach Region mehr oder weniger stark ausgeprägt, vom einzigen Wildrind des Kontinents abhängig. Manche weißen Jäger erlegten wohl etwa hundert Tiere am Tag. Auch die Eisenbahn engte das Gebiet der Tiere ein und machte den Herden vielerorts schwer zu schaffen. Der größte Ansturm auf die Bisons erfolgte nach Ende des Bürgerkriegs in den USA, ab den späten 1860er-Jahren. Deshalb gab es zum Ende des 19. Jahrhunderts nur noch ein paar hundert Bisons, die auf der Erde lebten.

Dieses traurige Kapitel von Mensch und Tier zeigt mir als von der Geschichte Begeisterter, dass früher eindeutig nicht alles besser war. Im Gegenteil: Das Engagement des Tierschutzes und das Schaffen von Nationalparks, wie dem Yellow Stone, als neue Lebensräume für Bisons hat dazu geführt, dass die Hornträger mit dem beeindruckend großen Kopf, bei denen auch die Weibchen Hörner tragen, heute wieder in großer Zahl durch Nordamerika laufen. Insgesamt gibt es über die US-Staaten verteilt wieder einige hunderttausend Tiere in freier Wildbahn. Diese können dank ihres rotbraunen Winterfells auch in kalten Regionen überleben. Etwas, das sie von den meisten Büffeln Asiens und Afrikas unterscheidet, mit denen sie weniger nahe verwandt sind, als dies die Bezeichnung „Indianerbüffel" vermuten lässt. Nahe verwandt sind sie dagegen mit dem Europäischen Bison, dem Wisent. Dieses hat eine für seinen Fortbestand ähnlich schwierige Situation hinter sich: Auch die etwas kleineren Wisente waren vom Aussterben bedroht. Schutzprogramme führten dazu, dass sich die Bestände des größten europäischen Landsäugetieres erholten und zum Beispiel in Waldgebieten Polens wieder deutlich mehr Wisente leben als zu Beginn des 20. Jahrhunderts.

Am Paarungsverhalten der Tiere kann man die nahe Verwandtschaft von Bison und Wisent ebenfalls ablesen. Im Sommer deckt ein Bulle mehrere Kühe, die dann im folgenden Frühjahr jeweils ein Kalb auf die Welt bringen. Bisons in freier Wildbahn habe ich noch nicht gesehen. Dennoch konnte ich einem dieser Tiere bei einem Tierparkbesuch schon in die Augen blicken. Diesen großen Bullen würde ich nun doch nicht ernsthaft mit den Tieren, die ich scherzhaft als „Bisons“ bezeichne, vergleichen. In der Nähe meines Heimatorts grasen nämlich Schottische Hochlandrinder. Sie haben zwar große Köpfe und durchaus beeindruckende Hörner, doch deren Bullen sind mit rund sechshundert Kilogramm im Vergleich zum Bison wahre „Leichtgewichte“.

Bei welchem Säugetier wird „FREMDGEHEN“ von den Männchen toleriert?

Viele Tiere pflanzen sich während ihres Lebens mit unterschiedlichen Partnern fort. Dieses Verhalten hat vielerlei Gründe. Bei den meisten Tierarten spielt dabei das Sichern des Nachwuchses und damit der Fortbestand der eigenen Art sowie das Weiterreichen der eigenen Gene eine zentrale Rolle.

Bei Löwen beispielsweise pflanzt sich ein dominantes Männchen mit mehreren Weibchen eines Rudels fort. Auch ein Pfau umgarnt mit seinem Rad gleich mehrere Hennen. Bei vielen Vögeln, Menschenaffen, Amphibien und Reptilien paart sich ein Weibchen mit mehreren Männchen. Ein Grund hierfür könnte das Vermeiden von Inzucht sein. Also dient auch dieses Paarungsverhalten dem Fortbestand der Art.

Ähnliches lässt sich beim Verhalten des Erdwolfs, der kleinsten Hyänenart, feststellen. Der männliche Erdwolf lebt mit einer festen Partnerin zusammen. Abgesehen von der Paarungszeit ist diese Bindung aber nicht sehr eng. Die Beziehungspartner begrüßen sich nicht einmal, wenn sie zusammentreffen, während die übrigen Hyänenarten bei dieser Gelegenheit ausgefallene Rituale vollziehen. Besonders beim Thema der Fortpflanzung legt der männliche Erdwolf ein außergewöhnliches und unter Säugetieren einzigartiges Verhalten an den Tag. Es kommt nämlich häufig vor, dass sich das Weibchen mit einem fremden Erdwolf paart. Ihr fester Partner hilft ihr anschließend dennoch bei der Aufzucht der für ihn fremden Jungen – statt diese zu töten, wie dies beispielsweise Löwen tun. Dabei spielt er als der Bewacher der Jungtiere in der Nacht sogar die Hauptrolle. Erdwölfe sind nachtaktiv, was bedeutet, dass dem Männchen, welches einen Großteil der Nacht für den Schutz der Jungtiere zuständig ist, nur wenige Stunden zur eigenen Nahrungssuche bleiben.

Diese Art der Aufopferung kommt ziemlich häufig vor. Knapp die Hälfte der Erdwolfwelpen werden von fremden Männchen gezeugt und dann vom festen Partner der Mutter großgezogen. Dies dauert etwa vier Monate. Dann unternimmt ein junger Erdwolf bereits eigene Streifzüge, bei denen ihn die Mutter oder der („Adoptiv-")Vater begleiten. Nach etwa einem Jahr verlässt er den Bau seiner Geburt und sucht sich selbst ein Revier, das er mit einer Partnerin teilt.

Auch in seinem weiteren Verhalten ist der Erdwolf ziemlich verschieden von den drei weiteren Hyänenarten: der Streifen-, der Schabracken- und der Tüpfelhyäne. Das nur etwa neunzig Zentimeter lange und circa einen halben Meter hohe Tier lebt im Osten und Süden Afrikas. Es ernährt sich, anders als bei Hyänen üblich, beinahe ausschließlich von Termiten anstatt von Aas. Übrigens: Alle Hyänen können, entgegen ihrem schlechten Ruf, als sehr reinliche Tiere bezeichnet werden, da sie in ihrem Revier Kotgruben anlegen, in die sie ihr Geschäft verrichten.

Das Fell des Erdwolfs hat Streifen, die ihm ein Aussehen verleihen, das dem der doppelt so großen Streifenhyäne ähnelt. Das könnte ein Trick zum Schutz vor Fressfeinden, wie etwa Schakalen, sein. Gibt der Erdwolf vor, ein anderer zu sein? Der Erdwolf ist in jedem Fall ein gekonnter Bluffer. Wenn er die Mähne an seinem Rücken aufstellt, erscheint er deutlich größer, was bei Gefahr durchaus wirkungsvoll abschreckend sein kann. Der Erdwolf ist damit für mich das Pokerface unter den kleineren Raubtieren.

Welches Tier wird am häufigsten in seiner GEFÄHRLICHKEIT vom Menschen unterschätzt?

Gute dreieinhalb Meter lang und zwei Tonnen schwer ist das Große Flusspferd, das auch Nilpferd genannt wird. Das Große Flusspferd lebt in den Flüssen der Savannengebiete in der Südhälfte Afrikas. Im Nil, wo die Tiere schon zu Zeiten der alten Ägypter schwammen, leben heute keine Flusspferde mehr. Nur noch im Blauen Nil, einem Seitenarm, der durch den Sudan und Äthiopien fließt, gibt es noch ein paar Populationen. Somit sind die imposanten Tiere, die näher mit den Walen als mit Pferden verwandt sind und optisch eher etwas an Schweine als an Pferde erinnern, mit der Bezeichnung Flusspferd zutreffender beschrieben als mit dem synonym verwendeten Nilpferd. Neben dem Großen Nilpferd gibt es noch das Zwergnilpferd. Dieser etwa „nur" gut eineinhalb Meter lange und rund zweihundertsechzig Kilogramm schwere Dickhäuter ist durch seinen Körperbau weniger ans Wasser gebunden als sein größerer Verwandter. Es lebt in den Wäldern der westafrikanischen Staaten Elfenbeinküste, Sierra Leone, Guinea und Liberia.

Die Einengung ihres Lebensraums ist die Hauptbedrohung für beide Flusspferdarten. Zudem werden sie wegen ihres Fleisches verfolgt und Flusspferdzähne werden ähnlich wie Elefanten-Elfenbein gehandelt. Die Großen Flusspferde sind äußerst wehrhaft, was man ihnen, wenn sie tagsüber im Wasser entspannen, kaum ansieht. Im kühlenden Nass verbringen weibliche Flusspferde und Jungtiere in Herden von knapp zwanzig Tieren den heißen Tag, ehe sie abends an Land steigen und zur Nahrungsaufnahme einige Kilometer zurücklegen, um sich mit Gras und weiterer vegetarischer Kost zu versorgen. Die Männchen hingegen sind Einzelgänger. Auch die meist allein lebenden Zwergflusspferde begeben sich nachts auf Futtersuche. Am Tag verbergen sie sich im dichten, sumpfigen Regenwald.

Große Flusspferde sind Menschen gegenüber eigentlich nicht aggressiv. Ihre bis zu dreißig Zentimeter langen Hauer verwenden die Tiere eher zum Schutz vor Krokodilen oder wenn Flusspferdbullen um ein Revier kämpfen. Besonders Bullen und Mütter mit Jungtieren können aber aggressiv reagieren, wenn sie sich bedroht fühlen oder wenn sie Menschen auf ihren gewohnten Pfaden an Land begegnen. Und obwohl man den Kolossen ihr Tempo nicht ansieht, kann ein Flusspferd im vollen Galopp sogar mit einem Tempo von dreißig Stundenkilometern unterwegs sein. Auch für Touristen, die sich von der harmlosen Optik der Tiere täuschen lassen, ist es sehr gefährlich, den Tieren zu nahe zu kommen. Dies wird so sehr unterschätzt, dass das Flusspferd sogar das Tier Afrikas ist, durch welches am meisten Menschen zu Schaden kommen. Wer Flusspferde aus der Nähe bewundern will, sollte dies darum lieber in einem Tierpark machen. In Zoos, in denen beide Flusspferdarten gehalten werden, kann man sich dann auch selbst die Unterschiede der Dickhäuter ansehen: Das Zwergflusspferd hat einen runderen Kopf und seine Augen stehen seitlicher. Die zentraleren Augen ermöglichen dem Großen Flusspferd einen besseren Überblick über die Wasseroberfläche. Sollte es dem Tier dabei zu langweilig werden, kann es beim Gähnen sein Maul einhundertfünfzig Grad weit öffnen – so weit wie kein anderes Tier.

Da würden bestimmt einige „Happy-Hippo"-Kakaosnacks hineinpassen. Wobei ein Flusspferd zum Glücklichsein Gras zum Fressen bevorzugt …

Welches Tier kann sich mit der eigenen ZUNGE die OHREN reinigen?

Sich mit der Zunge die Ohren reinigen zu können – das klingt für uns Menschen erst einmal unmöglich. Doch es gibt tatsächlich ein Tier, dessen Zunge so lang ist, dass ihm dies gelingt: die Giraffe.

Bei einem Besuch im Zoo sticht sie uns sofort ins Auge, was allerdings erst einmal nicht an der Länge ihrer Zunge, sondern ihrer beachtlichen Größe von etwa viereinhalb bis zu fast sechs Metern Höhe liegt. Ebenfalls auffallend ist das gelb-beige Fell mit den braunen Flecken, die jedem Tier ein individuelles Muster verleihen. Diese Muster unterscheiden sich innerhalb der neun Unterarten. So reichen die Formen der Flecken von eckig-kantig bis zu zackenförmigen, an Blitze erinnernden „Designs“. Diese Flecken dienen der Tarnung sowie der Regulierung der Körpertemperatur. Übrigens: Je älter eine Giraffe ist, desto dunkler werden ihre Flecken.

Zoogiraffen im vollen Galopp wirken eindrucksvoll und sind erstaunlich schnell. In freier Wildbahn sind die Geschwindigkeiten von etwa fünfzig Stundenkilometern auch nötig, um vor Löwen oder Geparden zu flüchten.

Was mir als kleiner Junge bei der Beobachtung der höchsten Landtiere in ihrem Gehege noch auffiel, war ganz oben: Den höchsten Punkt bilden nämlich nicht die Ohren, sondern zapfenförmige Hörner. Sowohl Giraffenbullen als auch weibliche Tiere tragen diese. Auf den Hörnern der Weibchen wachsen braune Haarbüschel. Über die genaue Funktion der Hörner wird noch immer unter Wissenschaftlern diskutiert. Mich haben sie jedenfalls überrascht, da die Giraffe kein Tier ist, welches ich direkt mit Hörnern in Verbindung brachte.

Als Zoobesucher kann man die Giraffe häufig beim Fressen beobachten. Kein Wunder, da der afrikanische Paarhufer einen Großteil des Tages mit der Nahrungsaufnahme verbringt. Dabei hilft der lange Hals, um an Blätter, bevorzugt von Akazien, zu gelangen. Zeit einsparen kann die Giraffe dabei aber auch: Durch die Nahrungsaufnahme wird sie gleichzeitig mit Flüssigkeit versorgt. So muss sie wochenlang keine Wasserstelle zum Trinken aufsuchen – ein großer Vorteil im generell trockenen Afrika, besonders während der Trockenzeiten von Dezember bis März und Juli bis September.

Für die Nahrungsaufnahme verwenden Giraffen ihre Zunge als Greifwerkzeug. Nicht nur Blätter kann sie damit abreißen, auch die Dornen der Akazie kann die Giraffe durch Zungeneinsatz leicht umgehen. So wird ein unfreiwilliges Zungenpiercing beim Fressen verhindert.
Die Giraffenzunge ist blau gefärbt. Dies schützt vermutlich vor Sonnenbrand, was sehr praktisch und wegen des vielen Fressens tatsächlich vonnöten ist. Das etwa fünfzig Zentimeter lange Organ kann die Giraffe auch zum Reiben ihrer Augen verwenden oder zum Reinigen ihrer Ohren.

Wie die Giraffe sich mit ihrer Zunge tatsächlich die Ohren oder die Nase reinigt, konnte ich noch nie beobachten. Für Menschen hört es sich vielleicht etwas eklig an, aber eigentlich ist diese Fähigkeit doch durchaus praktisch. Die Giraffe muss keine ungesunden Wattestäbchen benutzen und auch nicht lange im Rucksack oder in der Tasche nach einer Packung Taschentücher kramen. Die Einsatzmöglichkeiten der Giraffenzunge sind definitiv faszinierend.

Gibt es vegetarisch lebende BÄREN ?

Diese Frage lässt sich leicht beantworten, und alle, die sie schon ganz automatisch mit „Nein“ beantworten wollten, werden sich die Hände vor den Kopf schlagen und „Aber klar!“ rufen, wenn sie die Lösung hören: die allseits beliebten Pandabären. Vom Kopf bis zu den Hinterpfoten ist der Große Panda etwa einen Meter fünfzig groß. Auf allen vieren umhergehend, erreicht er eine Schulterhöhe von etwa fünfundsiebzig Zentimetern. Ausgewachsene Pandas wiegen etwa fünfundsiebzig bis einhundertfünfundzwanzig Kilogramm. Damit sind sie deutlich kleiner und leichter als Bären wie der Grizzly oder der Eisbär. Dennoch bringt der schwarzweiße Pelzträger ein beachtliches Gewicht auf die Waage. Und dies als reiner Vegetarier? Seine Hauptnahrung ist, wie sein anderer Name „Bambusbär“ klar erkennen lässt, der Bambus. Erfreulicherweise gibt es in China, vor allem in Nationalparks, noch weitläufige Bambuswälder, die dem Bären eine Heimat bieten.

Anders als allgemein angenommen wird, verzehrt der Große Panda auch andere Pflanzen wie etwa Krokusse oder

Schwertlilien. Tiere in Gehegen kommen sogar mit Obst, Honig, Süßkartoffeln, Eiern und Fisch zurecht. Auch in der freien Wildbahn verdrücken Pandas ab und an Raupen und kleine Wirbeltiere. Der Panda kann also nicht als reiner Vegetarier gelten. Dennoch ist der Name Bambusbär nicht wirklich irreführend, da wildlebende Pandas etwa zu neunundneunzig Prozent Bambus fressen. Vereinfacht umgerechnet würde dies bedeuten, dass Pandas an vier Tagen im Jahr von ihrer auf Bambus spezialisierten Ernährung abweichen. Und noch seltener von ihrer vegetarischen Lebensweise. In meinem privaten Umfeld kenne ich einige Personen, die sich gerne als „Teilzeitvegetarier“ bezeichnen. Diese weichen jedoch deutlich häufiger auf tierische Nahrungsmittel aus als der Panda.

Dasselbe gilt auch für den Kleinen Panda, der nicht besonders nahe mit seinem Namensvetter verwandt ist. Dieser den Mardern ähnelnde Geselle hat ein rotes Fell und wird etwa fünf Kilogramm schwer. Auch der Kleine Panda ernährt sich hauptsächlich von Bambus, ist aber, was Abwechslung im Speiseplan angeht, deutlich flexibler als der Bambusbär.

Große Pandas sind so sehr auf Bambus angewiesen, dass sie nur wegen der Verfügbarkeit ihrer Lieblingsspeise ihre Reviere wechseln. Denn Bambus, der zu den Süßgräsern gehört, blüht nur einmal innerhalb von Jahrzehnten. Nach der Blüte sterben sämtliche Pflanzen ab, was für den Bambusbären notgedrungen wie der Startschuss zu einem Revierwechsel ist. Dann gilt es für ihn, einen neuen Lebensraum aufzusuchen und sich dort seine Pfade durch den Bambuswald zu trampeln.

Ansonsten lassen es die Pandas gerne ruhiger angehen. So auch bei ihren „Tischsitten“. Der Bambusbär setzt sich meistens gemütlich zwischen seine Nahrung und greift sich Bambusblätter und Bambussprossen. Dabei hilft ihm sein sogenannter Pseudo-Daumen, eine sechste Kralle an der Vorderpfote. An Bambus benötigt ein ausgewachsener Bär etwa zehn bis vierzehn Kilogramm am Tag. Um diese große Menge zu sich zu nehmen, braucht er etwa sechzehn Stunden pro Tag. Das wäre mir im Stehen auch deutlich zu unbequem und langwierig. Hierin kann ich das Tier also gut verstehen. Auch geschmacklich sind wir, nun ja, zumindest beinahe, auf einer Wellenlänge. Wobei das Glas mit den Bambussprossen in meinem Kühlschrank eindeutig nicht ausreicht, um einen Bambusbären zum Essen einzuladen ...

Welches Tier ist am MUTIGSTEN?

Bei mutigen Tieren kommen mir direkt Filmhelden in den Sinn: von der Langhaarcollie-Hündin Lassie über den Delfin Flipper bis zu verschiedenen Löwen aus Zeichentrickfilmen. Von einem mutigen Löwen – dem aus dem mittelalterlichen Epos „Iwein" – handelte nicht zuletzt auch meine Bachelorarbeit. Doch wenn man so will, ist ein recht unbekanntes Raubtier das mutigste der Welt, wobei Mut natürlich eine schwer messbare Größe ist. Negativ ausgedrückt könnte man den Honigdachs auch als das größenwahnsinnigste oder angriffslustigste Tier bezeichnen.

Im Jahr 2001 jedenfalls bekam der Honigdachs im „Guinness-Buch der Rekorde" den Titel als das „furchtloseste" Tier der Welt. Seit einigen Jahren gibt es diese Kategorie nicht mehr, da ein solcher Rekord, wie erwähnt, schwer messbar ist. Zumindest zählt der Honigdachs definitiv zu den mutigsten Tieren, die mir bekannt sind. Oder wie soll ich das Verhalten des Tieres anders bezeichnen, wenn ich in einem der zahlreichen Videos, die im Internet auffindbar sind, sehe, wie ein Honigdachs es gleich mit mehreren Löwen aufnimmt, ohne zurückzuschrecken?

Der in Afrika weit verbreitete, auch in Teilen Asiens vorkommende Honigdachs gehört zu Familie der Marderartigen. Sein Name jedoch ist irreführend, da er nicht zu den Dachsen gezählt wird. Mit seinem meist weiß-grau-schwarzen Fell, das in manchen Regionen aber auch vollkommen dunkel gefärbt sein kann, ähnelt er rein äußerlich durchaus dem bei uns lebenden Europäischen Dachs. Vom Kopf bis zur Schwanzspitze ist der Honigdachs zwischen achtzig Zentimetern bis knapp über einen Meter lang. Er wiegt mit sieben bis dreizehn Kilogramm ungefähr so viel wie kleine bis mittelgroße Hunde. Das Männchen ist etwas schwerer als das Weibchen. Honigdachse streifen meistens als Einzelgänger durch ihre Gebiete.

In Sachen Nahrung sind sie wenig wählerisch: Eier, Aas, kleine Säugetiere, Insekten, ja selbst Skorpione und Schlangen verzehren sie, wobei ihnen deren Gift anscheinend wenig anhaben kann. Daneben steht ab und an auch Obst auf ihrem Speiseplan. Und natürlich der namensgebende Honig, wobei sie die Bienenlarven noch lieber verzehren. Stiche von Bienen können ihnen wegen ihrer dicken Haut kaum etwas anhaben. Diese ist vielleicht auch die Antwort darauf, warum ein sich bedroht fühlender Honigdachs sogar Löwen, Leoparden, Stachelschweine und Büffel mutig attackiert. Nur am Bauch ist der Honigdachs verletzlicher, da sein Fell hier weniger dick ist. Doch um an diese Stelle zu gelangen, muss ein Widersacher erst einmal an den scharfen Zähnen und Krallen des Honigdachses vorbei. Auch für den Menschen kann das Tier unangenehm sein. Es plündert nicht nur Honigstöcke, sondern gelegentlich auch Geflügelställe. In manchen Regionen ist der Honigdachs daher durch die Bekämpfung mit Giftködern und Fallen seltener geworden, als er ohnehin schon ist. In menschlicher Obhut kann ein Honigdachs über zwanzig Jahre alt werden.

Gerne würde ich mir einen dieser mutigen Pelzträger einmal in der Realität ansehen. Mich – wie er – einem oder mehreren Löwen in freier Wildbahn entgegenzustellen, werde ich nie wagen. Anders als er habe ich auch keine natürliche Rüstung, sodass ein solches Verhalten meinerseits mehr größenwahnsinnig als mutig wäre. Da beschränke ich mich lieber auf eine andere Vorliebe des Tieres, da ich auch gerne Honig schlecke.

Welche Tiere können nicht direkt **RÜCKWÄRTSGEHEN**?

Egal wie man zu Michael Jackson als Künstler steht, muss man neidlos anerkennen, dass er mit seinem „Moon Walk“ wohl den beeindruckendsten Rückwärtslauf beherrschte. Zwar nicht auf dem Erdtrabanten, aber doch weit entfernt von uns, in Australien und Neuguinea, lebt das Känguru. Im Gegensatz zu Michael Jackson können diese Tiere nicht rückwärtsgehen. Auch nicht rückwärts hüpfen.

Dabei erscheinen auf den ersten Blick besonders die Roten Riesenkängurus dem Menschen vom Körperbau her ähnlich zu sein. Mit einer Größe von bis zu einhundertsechzig Zentimetern und einem Gewicht zwischen etwa dreißig und neunzig Kilogramm sind diese Ausmaße denen eines Erwachsenen recht ähnlich. Klar, kein Mensch wird so leicht Sprünge mit drei Metern Höhe und rund zehn Metern Weite fertigbringen. Auch Sprinter werden es mit dem Känguru und seiner Geschwindigkeit von bis zu fünfzig Stundenkilometern nicht aufnehmen können. In Boxkämpfen sind Menschen tatsächlich schon gegen Kängurus angetreten. Diese pseudo-sportlichen Kämpfe gelten mittlerweile als Tierquälerei, da der Mensch sich hier das Abwehrverhalten des Tieres zunutze macht.

Kängurus wehren sich, indem sie sich auf ihre Hinterbeine stellen und mit diesen zutreten, während sie mit den Vorderpfoten versuchen, ihre Angreifer festzuhalten. Wie die Stummfilme, die solche Veranstaltungen zeigten, gehören Känguruboxkämpfe fast ganz der Vergangenheit an. Manchmal allerdings lösen männliche Kängurus ihre Konflikte untereinander noch auf diese Weise.

Könnte man Kängurus melken, wären sie vielleicht die besseren Milchlieferanten als Kühe. Denn eine Kängurumutter kann unterschiedliche Milch in ihren Zitzen produzieren. Obwohl Kängurus nur ein Jungtier gebären, kann eine Mama gleich drei eigene Junge zugleich versorgen. Eines sitzt in ihrem Beutel, eines befindet sich in der Gebärmutter und wartet, dass sein älteres Geschwisterchen den Beutel verlässt. Das älteste hat den Beutel bereits verlassen, wird vom Muttertier aber noch immer gesäugt. Da dieses bereits umherspringende Tier andere Nährstoffe als sein im Beutel umhergetragenes Geschwisterchen benötigt, liefert die Mutter unterschiedliche Milch. Hier hat die Natur bestens vorgesorgt. Anders als dies beim Rückwärtsgehen der Fall ist. Vor allem wegen seines Schwanzes, der dem Känguru als Stütze, zur Koordination und beim Schwimmen als lenkendes „Ruder" dienen kann, kann ein Känguru nicht rückwärts springen. An einen hinter ihm liegenden Punkt kann es nur in einem nach hinten gerichteten Kreis gelangen. Zum Laufen und zum Springen verlagern Kängurus ihr ganzes Gewicht auf ihre Zehen. Dabei verlagert sich auch das Gewicht nach vorne, sodass automatisch der gesamte Tierkörper nach vorne kommt. Aus dieser Haltung heraus ist es Kängurus unmöglich, „den Rückwärtsgang" einzulegen.

Ob ein Känguru auf uns Menschen wegen dieser Fähigkeit neidisch ist, wage ich zu bezweifeln. Auf die große Bühne, wie einst den King of Pop, zieht es die Beuteltiere ja schließlich auch nicht. Viel wichtiger dürfte ihnen sein, dass sie in Frieden gelassen werden und immer reichlich Kräuter, Laub und anderes Grünzeug zum Fressen vorfinden. Dann können sie auch über ihre „Schwäche", nicht direkt rückwärts gelangen zu können, „Gras wachsen lassen".

Warum kann der **KOALA** sich fast ausschließlich von giftigem Eukalyptus ernähren?

?

Der Koalabär konkurriert mit dem Känguru um die Stellung als „Symboltier“ Australiens. Gemeinsam ist beiden der Beutel und die damit verbundene Zugehörigkeit zu den Beutelsäugern. Die Bezeichnung als Bär ist für den Koala daher eigentlich nicht richtig, wobei er optisch durchaus an Bären und Kleinbären erinnert, mit denen er allerdings nicht verwandt ist. In Tierdokus habe ich die Tiere auch schon Brummlaute von sich geben gehört. Der Koala ernährt sich fast ausschließlich von Eukalyptus. Diese Pflanze ist für fast alle anderen Säugetiere und auch für uns Menschen giftig. Wie kann der kleine Klettermax dann davon leben?

Der Koala kann als ein Meister der Anpassung gelten. Gemäß Darwins Theorie vom Überleben der am besten angepassten Arten hat sich wohl auch der Koala im Laufe seiner Entwicklung seiner Umwelt bestens angepasst. Die Ur-Koalas, von denen bisher fünf ausgestorbene Arten nachgewiesen wurden, haben sich wahrscheinlich noch von weichen Pflanzen ernährt. Die heute lebenden Koalas hingegen fressen nur den harten Eukalyptus. Ergänzend zu dieser Grundnahrung nehmen die Beuteltiere auch Erde oder Teile anderer Bäume zu sich, was ihrer Verdauung förderlich ist. Eukalyptus ist nämlich nicht nur hart, sondern auch wenig nahrhaft und schwer verdaulich. Da ist es gut, dass Koalas einen eingebauten Energiesparmodus haben: Die Tiere bewegen sich kaum und „hängen“ die meiste Zeit in den Bäumen „ab“. Zudem schlafen sie etwa sechzehn Stunden am Tag. Ohnehin sind Koalas nachtaktive Tiere, die als gewandte Kletterer nur ungern auf dem Boden laufen, wo sie besonderen Gefahren ausgesetzt sind. Die gut sechzig Zentimeter großen und etwa vier bis maximal vierzehn Kilogramm schweren Koalas werden bereits von zweihundert bis vierhundert Gramm Eukalyptus am Tag satt. Viel mehr als auf eine große Menge kommt es für sie auf die Auswahl ihres Futters an.

Von nur etwa siebzig Arten der circa sechshundert Eukalypten können Koalas sich ernähren. Die Tiere pflücken mit großer Sorgfalt ausgewählte Blätter, bevorzugt ältere, in denen die Giftstoffe nicht mehr so konzentriert vorliegen. Danach beschnuppern sie diese sorgfältig, bevor sie einen Bissen nehmen. Schließlich wird der Eukalyptus zu einem Brei zerkaut und geschluckt. Das umsichtige Vorgehen bei der Nahrungsaufnahme ist für die Tiere lebenswichtig. Auch Koalas können die Giftstoffe von Eukalyptus nur in gewissen Mengen vertragen. Dabei helfen ihnen die Bakterien in ihrem besonders langen Blinddarm. Auch das auf die Nahrung angepasste Gebiss der Koalas hilft ihnen, die Eukalyptusblätter bereits im Mund gut zu zerkleinern, und so können sie alle Nährstoffe der Pflanze verwerten. Zusätzlich wird die in den Blättern enthaltene Flüssigkeit bestens genutzt. Koalas müssen nur sehr selten ihre Bäume verlassen, um Wasser zu trinken. Auf diese Besonderheit geht auch ihr Name zurück. Das Wort Koala stammt von den Ureinwohnern Australiens, den Aborigines. Es bedeutet „ohne zu trinken". Einer anderen Auslegung zufolge bedeute das Wort Koala „Beißer", was sich auf das aggressive Verhalten der Tiere untereinander beziehe.

Ob Koalas wegen ihrer Ernährung über einen dauerhaft frischen Atem verfügen, konnte ich bisher noch nicht prüfen. Mir gefallen die silbern schimmernden Tiere jedenfalls sehr gut. Vielleicht stammt die Bezeichnung als Bär ja auch von ihrer Ähnlichkeit mit einem nicht lebendigen Bären, dem Teddybär. Beide sind jedenfalls extrem knuddelig.

? Welches Tier ist sowohl als **„TRAMPELNDES TAXI“** als auch als Nahrungsquelle unterwegs?

So manche Taxifahrt kann sehr teuer werden. Da wäre Arbeitsteilung als Bezahlungssystem vielleicht manchmal wünschenswerter. So läuft es bei zwei sehr unterschiedlichen Tieren ab. Das tonnenschwere Nashorn übernimmt die Rolle des „Taxis“ für einen kleinen, ihm nützlichen Vogel, den Rotschnabel-Madenhacker.

Der Vogel ernährt sich von Zecken und Parasiten, die sich beispielsweise in Wunden auf der Nashornhaut befinden. Zudem kann er im Gegensatz zum Nashorn sehr gut sehen. So kann ein Madenhacker oder gleich mehrere dieser kleinen Singvögel, die das Nashorn auf seinem Rücken herumträgt, seinen Wirt vor Gefahren warnen, die das große Säugetier sonst übersehen würde.

Bereits aus etwa sechzig Metern Entfernung kann ein Nashorn dann etwa Wilderer wahrnehmen und sich auf die Flucht begeben. Denn für die eineinhalb bis dreieinhalb Tonnen schweren Nashörner stellt der Mensch die größte Gefahr dar. Die Tiere selbst sind dank ihres Gewichts und ihrer Hörner gegen natürliche Feinde gut geschützt. Wobei nicht jedes Nashorn mehrere Hörner besitzt. Die beiden afrikanischen Arten, das Spitzmaul- und das Breitmaulnashorn sowie das Sumatra-Nashorn tragen je zwei hintereinander angeordnete Hörner, von denen das vordere meist länger ist. Die beiden anderen asiatischen Arten, Panzer- und Java-Nashörner, besitzen nur ein Horn am Schnauzenende. Das namensgebende Horn besteht nicht wie beim Elefanten aus Elfenbein, sondern wie unsere Haare und

Nägel hauptsächlich aus Keratin. Obwohl es keinen Nachweis dafür gibt, werden dem Horn des Tieres verschiedene medizinische Wirksamkeiten nachgesagt. Dies ist ein Grund dafür, warum das mit etwa drei Metern Länge zu den „Big Five" Afrikas gehörende Tier stark gejagt wird. An dieses Verhalten des Menschen hat sich der Madenhacker angepasst: Es wird vermutet, dass diese intelligenten Vögel erst seit einigen Jahrzehnten Menschen als Gefahr für ihren Wirt wahrnehmen und auf diese mit Warnrufen reagieren. Für die Nashörner sehr von Nachteil ist, dass Madenhacker auch andere Tiere, etwa Büffel, Giraffen, Impalas und Hausrinder als „Transportunternehmen" und Nahrungsquelle aufsuchen können. Auch sind die beiden Arten – neben dem Rotschnabel-Madenhacker gibt es noch den ihm sehr ähnlichen und ebenfalls in den Savannen Afrikas lebenden Gelbschnabel-Madenhacker – nicht zwingend auf ein Leben auf dem Rücken eines großen Säugetieres angewiesen. Nötigenfalls können sie auch ganz ohne Wirt, mit dem sie eine Symbiose eingehen, überleben. Ohne gefiederte „Warnanlagen" wird es für Nashörner aber schwer beim Fressen, mit dem sie viel Zeit verbringen, einen sich gegen den Wind nähernden Menschen festzustellen.

Ein Nashorn nimmt täglich rund hundert Kilogramm pflanzliche Nahrung zu sich. Nach etwa fünf Jahren sind Nashörner frühestens geschlechtsreif. Auch in der langen Tragezeit von eineinhalb Jahren liegt das Problem der Vermehrung der Nashörner. Zudem bekommt ein Nashornweibchen nur ein Junges, das mit achtzig Kilogramm Gewicht bereits bei der Geburt schwerer ist als ein erwachsener Mensch im Durchschnitt.

Ob es für uns Menschen wirklich wünschenswert wäre, wenn die Fahrgäste vor Taxifahrten etwa die Scheiben putzen und sich währenddessen auf „Gefahrenquellen" wie rote Ampeln konzentrieren müssten, halte ich doch für fraglich. Schließlich kennt sich ein Fahrer doch besser auf seinem Gebiet aus und der Aspekt mit der Nahrungsversorgung ist ohnehin vom Nashorn-Vogel-Duo schwer auf Menschen übertragbar.

Welches Tier hat die größten „SCHAUFELN“ zum Graben?

Die Schaufelfläche einer im Baumarkt erhältlichen Gartenschaufel hat eine Länge von fünfundzwanzigeinhalb bis neunundzwanzig Zentimetern.

Im Tierreich gibt es ein seltenes, nachtaktives Geschöpf, das beinahe solch große Schaufeln mit sich herumträgt. Die mittlere der drei Krallen an den Vorderpfoten des Riesengürteltieres kann beachtliche zwanzig Zentimeter lang werden. Das von Kopf bis Rumpf bis zu einen Meter messende Riesengürteltier ist das größte Gürteltier der Erde. Sein Schwanz, auf den es sich stützen kann, um sich aufzurichten, ist bis zu fünfzig Zentimeter lang. Es wiegt zwischen achtzehn und zweiunddreißig Kilogramm, wobei Tiere in menschlicher Obhut bedeutend mehr auf die Waage bringen können. Wie die meisten Gürteltierarten lebt das Riesengürteltier in Südamerika. Bevorzugt halten sich die einzelgängerisch lebenden Tiere im Regenwald oder im offenen Grasland der nördlichen Hälfte des Kontinents auf.

Seine großen Vorderkrallen benutzt das Riesengürteltier tatsächlich ähnlich wie Schaufeln. Mit diesen trägt es ganze Termitenbauten ab, um an deren Bewohner zu gelangen. Riesengürteltiere ernähren sich vorwiegend von Termiten

und Ameisen, sind aber auch anderer Kost wie Insekten, Aas und Kleinsäugern nicht abgeneigt. Die auffallend lange Schnauze und sein guter Geruchsinn helfen dem Gürteltier ebenfalls bei der Nahrungssuche. Es kann Insekten, die zwanzig Zentimeter unter der Erde krabbeln, wahrnehmen. Neben der täglichen oder vielmehr nächtlichen Nahrungszufuhr benutzt das Riesengürteltier seine „Schaufeln" auch, um sich einen Bau zu graben, in welchem es den Tag zubringt.

Riesengürteltiere haben einen kräftigen Hautknochenpanzer, der graubraun gefärbt ist. Der ungepanzerte Bauch ist etwas heller. Die einzelnen Elemente der Panzerung sind am Rücken durch Hautfalten miteinander verbunden und dadurch sehr beweglich Auch der komplette Schwanz ist von Hautplatten bedeckt. Durch seine Größe neigt das Riesengürteltier weniger dazu, sich wie seine kleineren Artverwandten bei Gefahr zusammenzurollen. Stattdessen kommen zur Verteidigung die Krallen zum Einsatz, da das Tier sich auf die Hinterbeine stellt und mit diesen zuschlägt, wenn Angreifer nicht schon vor dem aufgerichteten Panzertier zurückschrecken. Wenn ihm wirklich gefährlich werdende Raubtiere wie Pumas und Jaguare zu nahe kommen, zieht es sich schnell in seinen Bau zurück. Notfalls kann es sich auch zusammenrollen und die Grabkrallen in den Boden rammen. Dadurch wird es Fressfeinden erschwert, das verankerte Tier auf den Rücken zu drehen, um an seinen verletzlicheren Bauch zu gelangen.

Riesengürteltiere pflanzen sich im Sommer fort. Das Muttertier ist rund vier Monate lang trächtig. Es bringt normalerweise nur ein bis zwei Jungtiere zur Welt. Riesengürteltiere erreichen ihre Geschlechtsreife im Alter von neun bis zwölf Monaten. Sie können etwa fünfzehn Jahre alt werden.

Das Riesengürteltier gilt wegen der menschlichen Erschließung seiner Lebensräume als gefährdet. Für mich stellt es mit seinem natürlichen Panzer und den „angewachsenen Schaufeln" eine Mischung aus Ritter und Bergarbeiter der Tierwelt dar.

Wer hilft dem Menschen beim Entfernen gefährlicher LANDMINEN?

Die Natur im Allgemeinen und die Tierwelt im Besonderen haben es mir angetan. Nicht nur, da man immer neue Arten und ihre Besonderheiten für sich entdecken und beobachten kann. Auch das, was wir von Tieren lernen können, erscheint beinahe unvorstellbar groß. So orientiert sich die sogenannte Bionik etwa am Flugverhalten von Eulen, um leiseres Fliegen für Flugmaschinen und Flugzeuge zu ermöglichen. Doch noch faszinierender finde ich das Zusammenspiel von Mensch und Tier zur Bewältigung von Problemen. In diesem Bereich hat mich ganz besonders überrascht, dass vorwiegend mir kaum bekannte tierische Helfer auf einem mir – glücklicherweise – alltagsfernen Feld eingesetzt werden: bei der Entfernung alter Landminen. Hierbei kommt nämlich eine ganz besondere tierische „Spezialeinheit" zum Einsatz.

In einigen Ländern Asiens und im afrikanischen Mosambik werden seit über zehn Jahren Riesenhamsterratten zum Aufspüren von alten Landminen eingesetzt. Diese mit den Mäusen verwandten Nager sind weder Ratten noch Hamster. Sie sehen mit ihrem nackten Schwanz den Ratten ziemlich ähnlich. Zudem haben sie Backentaschen, in denen sie Nahrung verstauen können. Durch diese optischen und aufs

Verhalten bezogenen Gemeinsamkeiten erhielten sie ihren Namen. Die etwa fünfundvierzig Zentimeter langen Allesfresser haben ein graubraunes Fell, das am Bauch weiß gefärbt ist. Anders als die meist negativ bewertete Ratte ist die Hamsterratte überaus nützlich für den Menschen. In manchen Regionen ihres afrikanischen Heimatkontinents wird sie für den Verzehr gezüchtet. Doch weitaus beeindruckender finde ich, wie sich der Mensch den guten Spürsinn des Tieres zunutze macht. In einer etwa einjährigen Ausbildung kann einer Riesenhamsterratte beigebracht werden, mit ihrer Nase Landminen aufzufinden. Die Nager können TNT riechen. Ihr großer Vorteil gegenüber Suchhunden ist nicht nur die kostengünstigere Haltung und der preiswertere Transport zu den Einsatzgebieten, sondern auch ihr geringes Gewicht. Die etwa zwei Kilogramm schweren Tiere sind zu leicht, um eine Mine auszulösen. Mit dem Einsatz von Riesenhamsterratten konnten schon zahlreiche Minen aufgefunden und endgültig entschärft werden. So machen diese Superspürnasen unsere Erde zu einem sichereren Ort.

Doch kein Licht, wo nicht auch Schatten ist: In den USA gelten die Riesenhamsterratten mancherorts mittlerweile als Bedrohung für heimische Arten. Nach ihrer Einführung, die wahrscheinlich wegen ihrer einfachen Haltung als Haustier erfolgte, soll die Riesenhamsterratte zudem neue Krankheiten ins Land mitgebracht haben.

Trotzdem gefallen mir die Tiere wirklich gut. Und mit dieser Meinung stehe ich nicht alleine da. Die Riesenhamsterratte Magawa hat 2020 sogar einen Verdienstorden für den Beweis ihres guten Riechers im Einsatz gegen Landminen und beim Aufspüren alter Sprengkörper erhalten. Für bereits etwa fünf Euro im Monat kann man Pate eines vierbeinigen Minenentschärfers werden und so einen kleinen Anteil zum weiteren Auffinden von alten Landminen beitragen. Und wer weiß, vielleicht erhält ja das eigene Patentier den nächsten Verdienstorden. Sponsor eines solchen Preisträgers zu sein, klingt für mich ziemlich reizvoll. Zumindest bin ich ein bekennender Fan dieser Heldennager.

Welche Säugetiere legen EIER?

Lediglich zwei Säugetiere, die auf den ersten Blick nur wenige Gemeinsamkeiten aufweisen, legen Eier. Das sind das Schnabeltier und der Schnabeligel. Streng genommen sind es drei, da es sowohl den Kurz- als auch den Langschnabeligel gibt. Die beiden Stachelträger unterscheiden sich in Lebensraum, Verhalten und Aussehen.

Der größere Langschnabeligel lebt in Neuguinea, während der kleinere Kurzschnabeligel wie das Schnabeltier in Australien und Tasmanien beheimatet ist. Bei einem Gewicht von etwa zwei bis acht Kilogramm sind Kurzschnabeligel etwa so groß wie Kaninchen; Langschnabeligel können auch noch etwas schwerer werden. Damit sind sie größer als unser Igel, mit dem sie nicht näher verwandt sind. Der Langstacheligel hat nicht nur eine längere Schnauze, sondern ernährt sich auch vorwiegend von Würmern und Maden. Der Kurzschnabeligel dagegen hat sich vorwiegend auf Termiten und Ameisen spezialisiert. Er wird deshalb auch Ameisenigel genannt. Insekten kann er erwischen, indem er Steine, unter welchen diese sich verbergen, zur Seite rollt. Dabei ist er sehr geschickt und kann auch Gesteinsbrocken, die etwa doppelt so groß sind wie er selbst, beiseiteräumen. Der Ameisenigel hat ein dichteres Stachelkleid als sein größerer Verwandter. Er gräbt sich bei Gefahr sehr schnell im Erdboden ein. Zu einer stacheligen Kugel rollt er sich nur zusammen, wenn der Untergrund ihm dies nicht ermöglicht. Dingos, Warane und Schlangen sind vor allem für junge Ameisenigel gefährlich. Diese werden rund zwei Wochen nach der Paarung als Ei geboren. Dieses einzige Ei legt die „Igeldame“ direkt in eine beutelähnliche Hautfalte, die sich in Folge der Paarung an ihrem Bauch bildet. Nach rund zehn Tagen schlüpft das Baby und wird dann von der Mutter gesäugt. Warum die Schnabeligel sich dieses Verhalten aneigneten, ist nicht genau bekannt. Es ist jedenfalls ein Zwischending aus dem Verhalten der eierlegenden Reptilien und der Säugetiere.

Das wird auch für das Schnabeltier angenommen. Das etwa ein bis zwei Kilogramm schwere Tier, dessen Gewicht sich auf einen – inklusive Schwanz – etwa fünfzig Zentimeter langen Körper verteilt, mutet optisch schon ziemlich bizarr an. Es hat einen an eine Ente erinnernden Schnabel, Füße mit Schwimmhäuten zwischen den Zehen und einen kräftigen Schwanz. Das Schnabeltier kann auch in eisigen Flüssen seine Körpertemperatur von zweiunddreißig Grad Celsius konstant halten, was nicht einmal dem Eisbären gelingt. Darum fühlt es sich an allen fließenden Gewässern Ostaustraliens wohl, solange es nur genügend Nahrung und einen Platz für seine Bruthöhle vorfindet. Auch eine Wohnhöhle bauen sich die einzelgängerisch lebenden Schnabeltiere. Dort ruhen sie, ehe sie in der Dämmerung und nachts aktiv werden. Sie können etwa fünf Minuten unter Wasser bleiben und Wassertiere wie Schnecken, Larven und Krebse erwischen. Diese „ertasten“ sie mit ihrem Schnabel, der sehr feinfühlig ist. Anders als der einer Ente ist er deutlich weicher und ledrig. Auch am Ufer kommt das Tier gut voran: Es klappt seine mit Schwimmhäuten versehenen Zehen an den Vorderpfoten zurück und geht auf seinen Knöcheln. An der Innenseite der Hinterbeine tragen männliche Schnabeltiere einen Giftstachel, dessen Gift in der im August beginnenden Paarungszeit gebildet wird. Vermutlich kommt es bei Revierkämpfen der Männchen zum Einsatz. Doch auch gegen neugierige Tiere und Fressfeinde ist es wirksam.

Die im Wasser stattfindende Brautwerbung läuft etwas skurril ab: Männchen und Weibchen schwimmen in einem engen Kreis, und das Männchen beißt dem Weibchen in den Schwanz. Dieses legt zwei Wochen später meist zwei winzige Eier in ein Nest in der eigens dafür gebauten Bruthöhle. Damit die Eier nicht austrocknen, sorgt das Weibchen vor: Die Mutter sammelt nasse Wasserpflanzen, die sie in die Bruthöhle schafft, wo diese die Luft feucht halten. Nach rund zehn Tagen Bebrütung schlüpfen die Jungen, indem sie, wie Vogelküken und Reptilien, die Schale mit ihrem Eizahn aufbrechen. Die bei Geburt blinden Tiere trinken drei bis vier Monate von der Milch der Mutter, ehe sie ihrer eigenen Wege gehen. Auf diesen Wegen wurde das Schnabeltier auch schon von dem Autor Mark Twain im 19. Jahrhundert beobachtet und beschrieben. Er nannte es das faszinierendste Tier der Erde. Die eierlegenden Säuger sind jedenfalls extravagant. Und sie einmal freilebend zu beobachten, stelle ich mir ebenfalls abenteuerlich vor.

Kann man auf ZEBRAS reiten?

Über Hürden springen, in Rennen gegeneinander antreten, Kutschen ziehen, Kunststücke vollführen: All das kann man Pferden beibringen.

Zebras sehen auf den ersten Blick nicht so sehr verschieden aus, als dass sie körperlich nicht zu ähnlichen Leistungen im Stande sein könnten. Klar haben sie Streifen, aber ansonsten? Sie besitzen eine Mähne und in etwa die Größe und Statur mancher Pferde- und Ponyrassen. Warum sollte man auf ihnen also nicht reiten können? Tatsächlich zählen Pferde, Ponys, Wildesel und Zebras allesamt zu der Familie der *Equidae*. Auch können sie sich aufgrund ihrer Ähnlichkeit miteinander paaren und Junge bekommen. Im Fall von

Maultieren und Mauleseln ist dies oft durchaus beabsichtigt. Kreuzungen aus Wildeseln und Zebras hingegen, sogenannte Zesel oder Zebresel, kommen sogar sehr selten in freier Natur vor, wenn die Tiere in enger Nachbarschaft zueinander leben.
Das Gruppenverhalten von Zebras und Pferden ähnelt sich ebenfalls sehr. Herdenmitglieder kennen einander gut und verteidigen sich gegenseitig. Ein Umstand, der für die in Afrika lebenden Zebras noch deutlich wichtiger ist als für unsere domestizierten Pferde. Löwen, Hyänen und Geparden machen Jagd nämlich auf die südlich der Sahara lebenden Tiere. Deshalb sind alle drei Zebrarassen, das Grevyzebra, das Bergzebra und das Steppenzebra, besonders wachsam und wehrhaft. Sie können schnell rennen, aber auch kräftig zubeißen und hart treten. Auch wegen dieser Wehrhaftigkeit können Zebras in seltenen Fällen dreißig Jahre alt werden.

Ebenfalls ernähren sich Zebras, wie Pferde, von Gras, Kräutern, Blättern und manchmal auch Rinde von Bäumen. Im Unterscheid zu diesen können Zebras bis zu drei Tage ohne Wasser auskommen, was ihnen in trockenen Monaten beim Überleben in der Savanne hilft. Je nach Geschlecht und Art variiert ihr Gewicht zwischen gut zweihundert und etwa vierhundert Kilogramm, die auf eine Schulterhöhe von einhundertzwanzig bis zu rund einhundertsechzig Zentimetern verteilt sind. Obwohl Zebras etwas plumper als viele Pferde wirken, sollte es bei diesen beinahe vergleichbaren Maßen doch möglich sein, auf ihnen zu reiten, oder?

Tatsächlich gibt es aber keine domestizierten Zebras und somit ist es auch nicht möglich, auf diesen Tieren zu reiten. Zebras fehlt die Gutmütigkeit, welche beim Pferd dazu führt, dass es sich reiten lässt. Auch sind Zebras viel scheuer als Pferde, Ponys und Esel. Wenn ein Mensch sich sehr viel Mühe gäbe, wäre es ihm vielleicht möglich, das Vertrauen eines Zebras zu gewinnen und irgendwann auf diesem zu reiten. Doch diese Nutzung des Tieres wäre nicht artgerecht, da es im Unterschied zu unseren modernen Pferderassen nicht zum Reiten oder Fahren gezüchtet wurde. Auch könnten Zebras niemals die Lasten tragen, die einige Pferderassen transportieren können. Sie sind doch etwas kleiner und vom Körperbau her unterschiedlich. Vorteilhaft wäre es für das Überleben der Zebras vielleicht schon, denn alle drei Zebraarten sind in ihrem Fortbestand gefährdet. Das Quagga, eine weniger gestreifte Unterart des Steppenzebras, ist bereits im 19. Jahrhundert ausgestorben.

Auch ohne dass auf ihnen geritten werden kann, sollte es das Ziel sein, Zebras in ihrer natürlichen Lebensweise zu erhalten und sie in Zukunft vor Gefährdungen, wie dem Einengen ihres Lebensraumes, zu schützen, damit auch weiterhin „wilde Pferde“ mit schwarzweißen Streifen durch die Savanne traben.

Überblickswerke

Alderton, David u.a.: Taschenlexikon Tiere. München: DK Verlag, 2008.
Boysen, Sarah: Die klügsten Tiere der Welt. Verblüffende Ergebnisse der Verhaltensforschung. München: BLV, 2009.
Cogger, Harold C. (Hrsg.) u.a.: Die Enzyklopädie der Tiere. Säugetiere, Vögel, Reptilien, Amphibien. Köln: Karl Müller Verlag, 2003.
Gruber, Ulrich: Amphibien und Reptilien. Alle Arten Mitteleuropas. Stuttgart: Franck Kosmos, 1994.
Pope, Joyce/Orr, Richards: Das große Lexikon der Säugetiere. Düsseldorf: Patmos, 2003.
Richarz, Klaus: Säugetiere. Erkennen und bestimmen. 2. Aufl. Stuttgart (Hohenheim): Verlag Eugen Ulmer, 2003.
Wandrey, Rüdiger: Wale & Delfine. Arten, Lebensräume, Verhalten. Köln: Komet, 2011.

Wer sich noch genauer über die im Buch vorkommenden Tiere informieren möchte, findet weitere Lesetipps unter diesem QR-Code:

Bildnachweis

mauritius images/Memento/Florilegius (Southern rockhopper penguin, Eudyptes chrysocome. Vulnerable. Handcolored copperplate engraving from George Shaw and Frederick Nodder's The Naturalist's Miscellany, London, 1800): Seite 11;
mauritius images/Artokoloro/Alamy/Alamy Stock Photos (Opisthocomus hoazin, Print, 1825-1834): Seite 18;
mauritius images/Asar Studios/Alamy/Alamy Stock Photos (Bird illustration by Elizabeth Gould for Birds of Australia): Seite 20;
mauritius images/Old Images/Alamy/Alamy Stock Photos (Detailed vintage art by John Gould London 1862-1873): Seite 23;
mauritius images/Florilegius/Alamy/Alamy Stock Photos (Satin bowerbird, Ptilonorhynchus violaceus, building a nest 1 and fawn-breasted bowerbird, Chlamydera cerviniventris 2. Handcoloured lithograph by Bauerrichter from Adam White's Popular History of Birds, Lowell Reeve, Covent Garden, London, 1855): Seite 26;
mauritius images/Memento/Florilegius (Wallcreepers, Tichodroma muraria, perched on rocks. Handcoloured lithograph from Carl Hoffmann's Book of the World, Stuttgart, 1857): Seite 10 (Mauerläufer), 28, 29;
mauritius images / Memento / Florilegius (Resplendent quetzal, Pharomachrus mocinno. Handcoloured engraving by Fournier after an illustration by Edouard Travies from Charles d'Orbigny's Dictionnaire Universel d'Histoire Naturelle, Paris, 1849): Seite 10 (Quetzal), 31;
mauritius images/Bill Waterson/Alamy/Alamy Stock Photos (Californian Vulture from Birds of America (1827) by John James Audubon, etched by Robert Havell): Seite 38 (Kalifornischer Kondor), 47;
mauritius images / Memento / Florilegius (Secretary bird. Handcoloured copperplate engraving from George Shaw and Frederick Nodder's The Naturalist's Miscellany, London, 1806): Seite 38 (Sekretär), 51;
mauritius images / Memento (Great skua, Stercorarius skua. . Handcolored copperplate drawn and engraved by Edward Donovan from his own Natural History of British Birds, London, 1794-1819): Seite 54/55;

mauritius images / Memento / Florilegius (Amazon river dolphin, Inia geoffrensis. Handcolored copperplate stipple engraving from Frederic Cuvier's Dictionary of Natural Science: Mammals, Paris, France, 1816): Seite 57, 58;
mauritius images/Memento/Florilegius (Lizard species. Lithograph from Lorenz Oken's Universal Natural History, Allgemeine Naturgeschichte für alle Stände, Stuttgart, 1841): Seite 9, 71;
mauritius images/Memento/Florilegius (Earthworm blind snake, Typhlops lumbricalis 1, slow worm, Anguis fragilis 2, Cape legless skink, Ancontias meleagris 3 and eastern glass lizard, Ophisaurus ventralis 4. Handcoloured lithograph from Carl Hoffmann's Book of the World, Stuttgart, 1849): Seite 73, 74;
mauritius images/Memento/Florilegius (Unknown gecko species from Arabia (Scollop-tailed gecko, Lacerta caudiverbera), and giant leaf-tailed gecko, Uroplatus fimbriatus (fimbriated gecko, Stellio fimbriatus). Handcoloured copperplate engraving by Grant after an illustration by George Shaw from his General Zoology, Amphibia, London, 1801): Seite 8 (Gecko), 80, 81;
mauritius images/Memento (Midwife toad, Alytes obstetricans, tadpole, and dyeing dart frog, Dendrobates tinctorius. Handcolored copperplate stipple engraving from Jussieu's Dictionnaire des Sciences Naturelles 1816-1830): Seite 70 (Frosch), 84, 85;
Farblithographie von Emil Hochdanz, Stuttgart 1869: Seite 111;
mauritius images / Memento / Florilegius (Handcoloured copperplate engraving by Griffith, Harriet or Edward, from Edward Griffith's The Animal Kingdom by the Baron Cuvier, London, Whittaker, 1824): Seite 110 (Desman), 122;
mauritius images/Science Photo Library/ Photostock-Israel (Illustration aus „The Survey of Western Palestine. The Fauna and Flora of Palestine" von Henry Baker Tristram, London,1884): Seite 110 (Stachelmaus), 123, 125;
mauritius images / The Natural History Museum / Alamy / Alamy Stock Photos (Dendrolagus lumholtzi, Lumholtz's tree kangaroo): Seite 135;
mauritius images/Memento/Florilegius (Proteles cristata. Handcoloured copperplate engraving by Thomas Landseer after an illustration by Charles Hamilton Smith from Edward Griffith's The Animal Kingdom by the Baron Cuvier, London, Whittaker, 1825): Seite 141;
mauritius images/Memento (Plate 50 from Recherches pour Servir a l'histoire naturelle des Mammiferes (1868-74) by Henri Milne-Edwards): Seite 146;
mauritius images / Universal Images Group North America LLC / Alamy / Alamy Stock Photos (Ratel-honey badger): Seite148;
mauritius images/Memento (original watercolour drawing by Ferdinand Lucas Bauer (1760-1826), from the H.M.S. Investigator expedition to Australia, 1801-1803: Seite 152.

Die übrigen Abbildungen sind folgenden Werken entnommen:
Berge, F: Schmetterlingsbuch oder allgemeine und besondere Naturgeschichte der Schmetterlinge, Stuttgart 1842 (Württembergische Landesbibliothek, Stuttgart): Seite 7, 70 (Glasflügler), 82, 83;
Bertuch, Friedrich Justin: Bilderbuch für Kinder, 3 Bände, Weimar 1792-1798 (Württembergische Landesbibliothek, Stuttgart): 8 (Huhn, Schmetterling, Nashorn, Zebra), 56 (Heringe), 62, 68, 70 (Feuersalamander, Wandelndes Blatt), 78, 79, 88, 90, 93, 95 (Hund, Hühner), 96, 97, 98, 99, 100, 103, 106, 110 (Vielfraß), 113, 115, 116, 117, 119, 121, 126, 130 (alle), 131, 133, 137, 142, 145, 150, 155, 157, 159, 161, 164;
Buffon, George Louis Leclerc: Oeuvres completes, Paris 1749-1789 (Württembergische Landesbibliothek, Stuttgart): Seite 8 (Kolibri), 10 (Kolibris), 13, 24, 25, 32, 34, 36, 37, 38 (Baumfalke), 39, 41, 44, 50, 101, 168;
Fitzinger, Leopold: Bilder-Atlas zur wissenschaftlich-populären Naturgeschichte der Vögel, Wien 1864 (Universitätsbibliothek Regensburg): Seite 10 (Leierschwanz), 17;
Gesner, Konrad: Historia animalium, Zürich 1563 (Württembergische Landesbibliothek, Stuttgart): Seite 43, 48, 76, 77, 86, 95 (Katze, Stier), 104, 108, 110 (Wolf), 128;
Haeckel, Kunstformen der Natur, Wien und Leizpig 1899-1904: 8 (Qualle), 56 (Oktopus), 63, 64, 65, 67;
Schinz, H. R.: Naturgeschichte und Abbildungen der Fische, Leipzig 1836 (Württembergische Landesbibliothek, Stuttgart): Titelseite, 8 (Hering), Seite 56 (Hornhecht), 59, 61.

Danksagung

Mein besonderer Dank gilt meiner Familie und meinen Freunden, die mir nicht nur beim Verfassen dieses Werkes, sondern auch in vielen anderen Situationen zur Seite standen und stehen.
Zudem danke ich dem Jan Thorbecke Verlag und seinem Team. Besonders der Lektorin Frau Dr. Janina Drostel, die mich bestens unterstützte und die Recherche der wunderbaren Abbildungen übernommen hat.
Schließlich den Protagonisten, den Tieren, von denen dieses Buch handelt, und besonders den Vierbeinern, mit denen ich das Glück hatte, unter einem Dach zu leben.

Über den Autor

Benjamin Haller, Jahrgang 1995, geboren in Stuttgart, ist mit Haustieren aufgewachsen. Zudem stellten Besuche in der Wilhelma Highlights in seiner Kindheit dar. Seine Leidenschaft für Literatur entdeckte er gegen Ende seiner Schulzeit, weshalb er daraufhin Germanistik studierte. Heute ist er als Autor, Texter und Lektor tätig. Mit diesem Buch konnte er zwei große Interessensgebiete, Natur und Tiere sowie Lesen und Literarisches Schreiben, verbinden und sich damit einen Wunsch erfüllen.